하리하라의
사이언스 인사이드 2

하리하라의 사이언스

이은희 지음

2

살림Friends

차례

제3부 세상에서 과학 보기

• 제1권 차례 •

제3부
세상에서 과학 보기

•

사람들은 흔히 '교과서에나 나오는 이야기'라는 말을 씁니다.
고루하고 진부한, 또는 지나치게 이상적인 이야기를 의미할 때
쓰는 관용적인 표현인데요. 사실 교과서 입장에서는 매우
억울한 일입니다. 교과서는 오랜 검증 과정을 통해 진실에
가깝다고 인정된 내용들이 담기기 때문이죠. 우리는 교과서
속의 이야기를 너무 많이 잊어버리고 사는 것은 아닐까요?
제3부에서는 교과서 속 이야기를 통해
삶의 다양한 순간들을 짚어보려 합니다.

•

01

원소로 구성된 세상 - 주기율표

세상의 모든 것, 원소

2018년 8월 30일, 삼청동 자락에 위치한 과학책방 '갈다'의 지하 강연장. 평소 같으면 문을 닫았을 늦은 시간인데도 사람들이 하나둘 모여들기 시작했습니다. 더위가 한풀 꺾인 싱그러운 여름밤, 잔잔한 음악과 아늑한 불빛에 둘러싸이고, 김현 시인의 나직한 목소리에 얹힌 시구들이 공간 속에 사근사근 스며들 듯 어우러져 잊지 못할 시간이었습니다. 그런데 사람들은 무엇을 하러 이곳에 모인 걸까요? 바로 의학계의 계관시인이라 불리는 신경학자이자 작가인 올리버 색스(Oliver Sacks, 1933~2015) 타계 3주기를 맞아, 그의 글을 좋아하는 이들이 모여 만든 작은 추모의 밤 행사였습니다.

• 원소 주기율표 티셔츠를 입고 있는 올리버 색스 박사.

추모 행사의 일환으로 색스 박사가 방을 소개하는 짧은 동영상이 상영되었습니다. 주기율표가 커다랗게 인쇄된 티셔츠를 입은 노년의 색스 박사는 자기 나이만큼이나 오래되어 보이는 책상 앞에 서서 이제껏 모은 수집품을 보여주었습니다. 그중 유독 눈길을 끄는 것은 주기율표에 포함된 실제 원소 표본이었습니다. 색스 박사의 취미는 매해 자신의 나이와 같은 원자 번호를 가진 원소 표본을 모으는 일이었다고 합니다. 수은(원자 번호 80)과 탈륨(원자 번호 81)을 지나, 납(원자 번호 82)의 생일까지 맞이한 그는 가장 좋아하던 원소인 비스무트(원자 번호 83)의 생일까지는 살지 못할 것이라면서, 주기율표에 대한 애정을 듬뿍 담은 '나의 주기율표(My Periodic Table)'라는 글을 「뉴욕 타임스」에 발표합니다. 그리고 한 달 뒤에 세상을 떠납니다. 주기율표를 소재로 이토록 감성적인 글을 쓸 수 있는 사람은 세상에서 올리버 색스가 유일하지 않을까 싶습니다.

지구상에 존재하는 모든 것은 원소로 이루어져 있습니다. 이 원소들을 나름의 기준으로 분류해 행과 열을 맞춰 늘어놓은 것이 주기율표입니다. 학창 시절, 누구나 과학 시간에 주기율표를 배우지요. 하지만 대다수의 사람들에게 주기율표는 또 하나의 '두통 유발표'에 가까웠습니다. 저만 해도 고등학생 무렵, 원소 기호와 이름이 시험에 나온다는 말에 '수(*H*)헤(*He*)리(*Li*)베(*Be*)브(*B*)크(*C*)노(*N*&*O*)프(*F*)네(*Ne*)나(*Na*)마(*Mg*)알(*Al*)지(*Si*)피(*P*)에스(*S*)클(*Cl*)아(*Ar*)크(*K*)카(*Ca*)'라고 순서대로 만들어서 어찌나 달달 외웠던지, 30년 가까이 지났는데도 여전히 기억이 납니다. 여기에다 금속 이온화 경향이니, 알칼리 금속이니, 할로겐 원소니 하는 것까지 외우다 보면 헷갈리기 일쑤였지요. 지금 외우고 있는 것이 어떤 의미를 지니는지, 왜 이런 것을 배워야 하는지 생각조차 못 한 채 그저 주문 같은 것들만 중얼거리곤 했답니다.

하지만 주기율표는 화학 분야의 로제타 스톤이라고 불러도 손색이 없을 만큼, 화학에서 결정적인 존재입니다. 그런데 이 주기율표는 누가, 왜 만들었고, 원소 기호를 늘어놓은 이유는 도대체 무엇일까요? 또 이 주기율표의 원소들은 어떤 연관성이 있는 걸까요?

주기율표의 아버지, 멘델레예프

주기율표에 대해서 알아보려면 반드시 기억해야 하는 이름이 있습니다. 러시아의 화학자 드미트리 멘델레예프(Dmitrii Ivanovich Mendeleev, 1834~1907)지요. 그는 '주기율표의 아버지'라는 별칭으로

* 주기율표의 원형은 멘델레예프가 만들었으나, 현대 교과서에 나오는 주기율표의 개념은 헨리 귄 제프리스 모즐리(Henry Gwyn Jeffreys Moseley, 1887~1915)가 만들었습니다. 멘델레예프는 원소들을 질량에 따라 배치했지만, 모즐리는 원소들을 원자핵의 양성자 개수에 따라 늘어놓았습니다.

도 불립니다. 지금 우리가 사용하는 주기율표의 원형을 멘델레예프가 만들었으니까요.*

멘델레예프는 1834년 시베리아 서쪽의 토볼스크에서 태어났습니다. 아버지는 교사였고 어머니는 유리 공장을 운영하는 사업가의 딸이었습니다. 다둥이네 막내(14남매 혹은 17남매라는 말이 있지요)이자 늦둥이였던 멘델레예프는 십 대 시절 부모님을 모두 잃었습니다(태어났을 때 아버지는 51세, 어머니는 41세였습니다). 하지만 꾸준히 공부해서 당시 러시아의 명문 상트페테르부르크대학을 졸업하고, 1859년에는 국비 장학생이 되어 독일의 하이델베르크대학으로 유학까지 가게 됩니다.

1861년 독일의 하이델베르크대학을 졸업하고 러시아로 귀국한 멘델레예프는 요즘 학생들도 많이 겪는 문제에 봉착합니다. 우수한 성적으로 좋은 학교를 졸업했지만, 넉넉하지 못한 가정 형편 탓에 빚을 진 데다가 마땅한 취직자리가 없어 생계를 꾸릴 수 없었던 것이지요. 빚을 갚고 생활비를 벌기 위해 뭐라도 해야 했던 멘델레예프는 엉뚱하게도 유기화학에 관한 책을 쓰기로 마음먹습니다. 당시 러시아에서 화학은 아직 체계가 잡히지 않은 학문이었고, 그래서 러시아어로 된 화학 교과서가 거의 없었습니다. 대학에서는 독일의 화

• '주기율표의 아버지'라 불리는 멘델레예프.

학 교과서를 그대로 가져다가 쓰고 있었지요. 그러니 독일어를 잘 모르는 러시아 학생들은 화학을 배우는 것 자체가 고역일 수밖에 없었습니다. 독일에서 유학해 독일어에 능통했던 멘델레예프는 러시아어로 된 화학 교재를 만들면 학생들에게 도움도 주고 돈도 벌 수 있을 거라 생각했습니다. 멘델레예프가 시대를 읽는 눈이 있었던 건지, 유기화학 교재는 꽤 인기를 끌었습니다. 그리고 드디어 1867년에 상트페테르부르크대학 교수로 임용됩니다.

교수가 되어 직접 학생들을 가르쳐보니, 진짜 제대로 된 화학 교과서가 필요하다는 사실을 절실히 깨닫게 되었습니다. 그래서 이번에는 정식으로 출판사와 계약을 맺고 두 권으로 구성된 『화학의 원리』라는 책을 집필하기 시작했습니다. 멘델레예프가 책을 구상하던 당시에는 총 63개의 원소가 발견되었습니다. 책을 쓰기 시작한 멘델레예프는 더 많은 내용을 담고자 욕심을 부리다가 제1권 분량을 모두 집필해버립니다. 그 바람에 제1권에는 수소, 탄소, 산소, 질소를 포함해 겨우 8개 원소밖에 담지 못했습니다. 출판사와 계약할 때 두 권에 63개 원소를 모두 담기로 정했기 때문에, 이대로라면 제2권에 나머지 55개 원소를 욱여넣어야 하는 난관에 부딪힌 것이지요. 여러분이라면 이런 상황에서 어떻게 대처하실 건가요?

고민하던 멘델레예프는 나머지 55개 원소를 개별적으로 제시하지 않고, 비슷한 특징을 가진 원소 몇 개를 하나의 그룹으로 묶어서 설명하는 방식을 택했습니다. 예를 들어 리튬, 나트륨, 칼륨, 루비듐, 세슘은 각각 다른 물질이지만 모두 알칼리성을 띠는 금속이고 공통적으로 물과 접촉하면 불꽃 반응을 보이며 폭발하는 성질을 지니고 있지요. 그래서 이들은 알칼리금속족(族)이라 하여 하나의 그룹으로 묶일 수 있습니다. 멘델레예프는 이렇게 특성에 따라 원소의 모둠을 만들던 중, 비슷한 속성을 가진 원소들이 무작위로 나타나는 것이 아니라 어떠한 패턴을 가지고 반복해서 나타난다는 것을 알게 됩니다. 이에 주목한 멘델레예프는 원소들을 원자량에 따라 무거운 순서대로 가로로 늘어놓고, 비슷한 속성을 가진 것들은 세로줄에 배치하는 형태로 만든 '주기율표'를 1869년 처음으로 발표합니다.

원소의 패턴을 발견한 멘델레예프는 대단히 똑똑한 사람이었지만, 이 시기에 이런 생각을 한 사람들이 없지는 않았답니다. 앞서 말했듯이 과학적 발전은 어느 정도 보편성을 가지거든요. 다른 화학자들도 비슷한 성질을 가진 원소들이 존재한다는 사실을 알고 있었고, 나름대로 원소들을 배치하려고 시도했습니다. 영국의 화학자 존 뉴랜즈(John Newlands, 1837~1898)는 이미 1865년에 원소를 옥타브에 비유한 최초의 주기율표를 만들어 발표했고, 멘델레예프와 비슷한 시기인 1880년 독일의 화학자 율리우스 로타르 마이어(Julius Lothar Meyer, 1830~1895)도 나름의 주기율표를 만들었지요. 하지만 역사는 멘델레예프에게만 '주기율표의 아버지'란 명예를 허락했고, 다른 사람들은 잊혔습니다. 비슷한 시기에 같은 원소들을 대상으로 만들어진 다양한 주기율표 가운데, 왜 멘델레예프의 주기율표만 선택되었을까요?

멘델레예프의 주기율표가 생명력을 가질 수 있었던 것은 아이러니하게도 '빈틈'을 두고 '예언'을 했기 때문입니다. 사실 과학자가 빈틈을 남겨두고 마치 마법사처럼 예언을 한다니 어울리지 않아 보입니다. 하지만 얼핏 '비과학적'으로 보이는 그의 태도는 매우 '과학적'인 행동이었고, 그래서 오래도록 기억된 것이죠. 앞서 이야기했듯 멘델레예프의 시대에는 63개 원소만 알려져 있었습니다(현재는 118개가 주기율표에 기록되어 있습니다). 당시는 계속해서 새로운 원소들이 발견되고 분리되던 시기였습니다. 그러니 멘델레예프를 비롯한 다른 화학자들도 앞으로 계속 다른 원소들이 발견되리라는 사실은 알고 있었을 테죠.

하지만 다른 과학자들이 발견되지 않은 원소들을 제외한 것과는 달리, 멘델레예프는 이것까지 염두에 두고 빈칸을 남긴 표를 구상합니다. 예를 들면, 당시 비슷한 성질을 가진 원소들을 하나의 그룹으로 묶다 보니 붕소(원자량 10.81), 알루미늄(26.981), 인듐(114.82), 탈륨(204.38)이 하나의 그룹으로 묶였습니다. 이들의 원자량을 보면 알루미늄의 원자량은 붕소의 약 두 배이고, 탈륨의 원자량도 인듐의 두 배인 데 반해, 인듐은 알루미늄의 네 배에 달합니다. 멘델레예프는 이것이 아무래도 이상하다고 생각했습니다. 차라리 알루미늄과 인듐의 원자량 차이가 세 배나 다섯 배였다면 모르겠는데 네 배였기 때문에, 마치 이 사이에 원자량이 알루미늄의 두 배이면서 인듐의 절반인 물질이 있어야 하지 않나 의심을 품게 만들었지요.

멘델레예프는 고민 끝에 알루미늄과 인듐 사이에는 하나의 원소가 더 있을 것이라고 논리적으로 결론을 내린 뒤, 과감하게 주기율표에 자리를 비워둡니다. 그러고는 이렇게 덧붙이지요. 미지의 원소 원자량은 알루미늄과 인듐의 중간치인 68 정도에, 사람이 손에 쥐어도 녹을 정도로 녹는점이 낮을 것이며, 칼로 잘릴 정도로 매우 무른 성질의 금속일 것이라고요. 그리고 이 미지의 원소에 '에카-알루미늄'이라는 이름까지 미리 붙여둡니다. 그래서인지 처음에는 멘델레예프의 주기율표가 화학자들의 관심을 끌지 못했습니다. 존재하는지조차 아직 알 수 없는 원소의 자리를 과감하게 비워두고, 그 원소를 마치 본 것처럼 특징까지 제시하는 멘델레예프가 당시 사람들에게 어떻게 비춰졌을까요?

멘델레예프의 '못 봤는데 본 것처럼 제시한' 주기율표가 다시 눈길을 끌게 된 것은 그로부터 6년 뒤의 일이었습니다. 1875년, 프랑스의 화학자 폴 에밀 르코크 드 부아보드랑(Paul-Émile Lecoq de Boisbaudran, 1838~1912)이 새롭게 발견한 원소를 프랑스의 옛 이름인 '갈리아(Gallia)'를 따 '갈륨(Gallium)'이라고 부릅니다. 갈륨은 원자량 69.72의 아주 무른 금속으로, 녹는점도 29.76℃로 낮은 편이어서 손으로 쥐고 있어도 녹을 정도였다고 합니다.* 다시 말해, 갈륨은 멘델레예프가 예언한 에카-알루미늄의 특성과 너무도 비슷했습니다. 사람들은 멘델레예프가 '허언증'에 빠진 사기꾼이 아니라, 증거를 통해 예측 가능한 결과를 추론한 과학자였다는 사실을 새삼 깨달았습니다. 멘델레예프는 탄소-규소-주석-납으로 이루어진 또 다른 그룹에서 규소와 주석의 원자량이 지나치게 큰 차이가 난다는 사실도 발견했습니다. 그래서 이 사이에 미지의 원소, 즉 '에카-규소'가 있을 것이라고 추측했지요. 훗날 이 원소는 1886년 독일의 프라이부르

* 갈륨의 이런 성질을 이용해 장난을 즐기던 사람도 있었죠. 손님을 초대해 뜨거운 차를 대접하고 갈륨으로 만든 티스푼을 건넵니다. 그걸로 차를 저으면 티스푼이 녹아 사라지는데 그때 손님이 짓는 그 황망한 표정을 즐기기 위해서 말이죠. 이에 대한 자세한 이야기는 샘 킨의 『사라진 스푼』을 더 읽어보세요.

크대학 교수인 클레멘스 알렉산더 빙클러(Clemens Alexander Winkler, 1838~1904)가 찾아내 '저마늄(Germanium)'이라 이름 붙인 물질과 동일하다고 판명됩니다. 이처럼 멘델레예프의 주기율표는 오히려 빈 틈을 남겨두어 진실에 더욱 가까웠던 셈이지요.

주기율표, 암호를 넘어선 세상의 근본

제가 어릴 때 아이들 사이에서 비밀 편지가 유행한 적이 있습니다. 어른들이나 선생님들 모르게 하고 싶은 말을 특정 규칙을 가진 암호로 바꾼 쪽지를 주고받는 것이었지요. 예를 들면, 'ㄱ'은 'A'로 'ㄴ'은 'B'로 바꾸는 등 한글의 자모를 알파벳이나 숫자 또는 ☆○□ 같은 기호로 치환하는 방식을 가장 많이 사용했습니다. 그러다 보니 암호를 만드느라 정작 내용은 거의 쓰지도 못했지요. 그래도 우리끼리만 알고 있는 언어라는 사실이 묘한 긴장감과 재미를 주어 열심히 쪽지를 주고받았던 기억이 납니다. 암호라는 것이 원래 그렇지요. 규칙을 알고 있는 사람들에게만 본심을 허락하고 다른 이들은 혼란스럽게 만드는 것 말이에요.

많은 사람에게 주기율표는 해석되지 않는 암호 같은 느낌을 줍니다. 낯선 이름이 순서대로 늘어서 있으니 분명히 뭔가 의미를 가지는 것 같은데, 정작 우리는 어떤 뜻인지 알 수가 없지요. 도대체 이

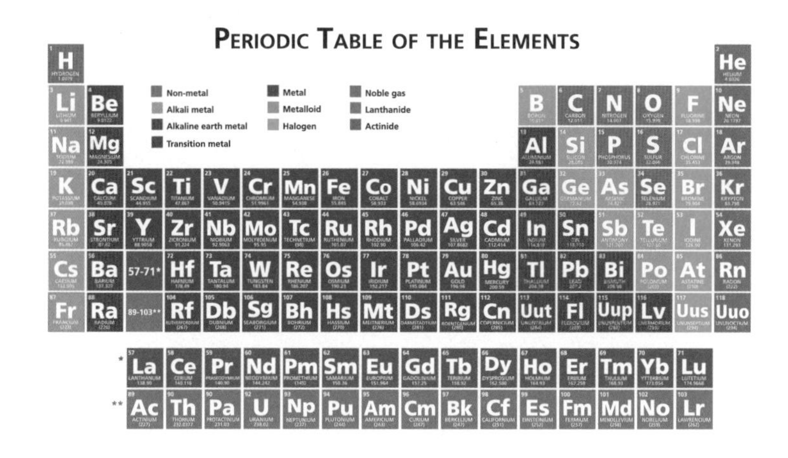

• 낯선 이름이 왠지 암호 같은 주기율표.

표는 무슨 규칙으로 만들어진 걸까요?

주기율표는 일단 가로줄과 세로줄로 나뉩니다. 가로줄은 '주기(週期, period)'라 하고, 세로줄은 '족(族, group)'이라 합니다. '주기'는 반복된다는 의미를 지니고, 족은 '가족'처럼 하나의 습성을 공유한다는 의미를 가집니다. 같은 족에 속하면 비슷한 성향을 지녔다고 생각하면 되는데, 이 성향이 일정한 주기로 반복되는 것을 나타낸 표가 바로 주기율표입니다. 주기율표의 각 칸을 확대하면, 영어 알파벳 한두 개로 된 원소 기호 아래 원소의 명칭이 있고, 왼쪽 상단에 자연수로 된 숫자가, 원소 명칭 아래에는 소수점이 찍힌 숫자가 있습니다. 왼쪽 상단의 자연수는 원소의 번호를 나타내는 원자 번호, 다시 말해 이 원소의 원자핵 속에 들어 있는 양성자의 개수이며, 하단의 숫자는 원소의 질량을 나타내는 질량수입니다.

그렇다면 주기와 족은 어떻게 만들어지는 걸까요? 일단 원자 번호부터 봅시다. 원소(element)란 한 종류의 원자로만 구성된 순물질을 말합니다. 예전에는 원자(atom)가 물질의 최종 단위라고 생각했지만, 이제는 분리시킬 수 있다는 사실을 압니다. 원자는 중심에 질량의 대부분을 차지하는 원자핵(nucleus)과 그 주위에 구름처럼 퍼져 있는 전자로 구성됩니다. 원자핵 속에는 (+)전하를 띤 양성자와 전기적으로 중성인 중성자가 뭉쳐진 구조, 다시 말해 쿼크(quark)로 이루어져 있지요. 그런데 원소들마다 원자핵 속에 든 양성자의 개수가 다릅니다. 양성자의 개수는 1개부터 118개까지 다양한데, 이 개수에 따라 부여한 숫자가 바로 원자 번호입니다. 즉 원자핵에 양성자가 1개면 1번 수소, 양성자가 2개면 2번 헬륨이 되는 식이지요.

원자의 질량은 대부분 원자핵이 차지하지만, 원자의 크기는 원자핵에서 가장 멀리 떨어진 전자에 의해 결정됩니다. 태양계에서 태양이 가장 무겁지만, 태양계의 크기는 태양을 중심으로 가장 멀리 떨어진 카이퍼 벨트까지 재는 것과 비슷합니다. 일반적으로 원자는 같은 수의 양성자와 같은 수의 전자를 가집니다. 1번 원소인 수소는 양성자와 전자를 각각 1개씩 가지고, 8번 원소인 산소는 양성자와 전자를 각각 8개씩 가지는 식이지요.

그런데 이 전자들은 아무렇게나 흩어져 있는 게 아니라, 원자핵을 중심으로 일정한 거리 내에는 일정한 수의 원자만 들어 있습니다. 마치 아파트 한 층마다 정해진 수의 세대만 사는 것처럼요. 원자핵과 가장 가까운 안쪽 층에는 2개의 전자만 들어갈 수 있고, 그다음 층부터는 8개의 전자가 들어갑니다. 즉, 1번 수소와 2번 헬륨의 전자는 각각 1개, 2개이므로 이들은 전자구름 1층에 배치될 수 있습니다. 하지만 3번 리튬의 경우 전자가 3개이므로, 남은 전자 1개가 다음 층에 올라가 배치되어 전자의 구름층은 2층이 되지요. 전자구름 2층의 전자 수용 개수는 8개라서, 2층에는 3번 리튬에서 10번 네온까지 8개의 원소가 같은 크기를 가지고 같은 주기에 놓입니다. 하지만 11번 나트륨은 11번째 전자가 3층으로 올라가겠지요. 즉 같은 주기에 속한 원소들은 전자구름의 층수가 동일합니다.

반면, 같은 족에 속하는 원소들은 전자구름의 층수는 달라도 각 층에 존재하는 전자의 개수가 같습니다. 예를 들면, 알칼리금속족에 속하는 리튬-나트륨-칼륨-루비듐-세슘은 전자구름의 층수가 2, 3, 4, 5, 6층으로 각각 다르지만, 마지막 구름층에 존재하는 전자 개수는 1개로 모두 동일합니다. 또 주기율표 가장 오른쪽에 있는 헬륨-네온-아르곤-크립톤-제논 등은 전자구름 층수는 1, 2, 3, 4, 5도 각자 다르지만, 각각의 전자구름에 포함될 수 있는 최댓값의 전자가 들어 있습니다. 따라서 이들은 매우 안정해 다른 물질과 잘 반응하지 않는데요. 대부분 기체 형태여서 '불활성 기체'라고 부릅니다. 가운데에 정원이 있고 이기를 중심으로 여러 겹으로 둘러싸 지어진 원형 아파트를 머릿속에 그려보세요. 중심에 가까운 곳을 1층이라 하면 1층에는 방 2개, 그 바깥쪽의 2층과 3층에는 각각 방이 8개인 원형 아파트 말이에요. 이때 층수에 따라 전체 아파트의 넓이가 정해집니다. 각 층의 방이 1개가 사람으로 채워지든 8개가 모두 채워지든 상관없습니다. 반면 밖에 사는 사람이 볼 때는 이 아파트의 가장 바깥쪽만 보일 테고 가장 바깥쪽에 있는 방 몇 개에 불이 켜지느냐에 따라 북적거리는지 비어 있는지를 판단하겠죠. 주기는 원형 아파트의 층, 족은 가장 바깥쪽에 채워진 방의 수입니다. 방이 다 차면 외부에서 온 다른 사람이 방을 얻기 힘들듯, 최외각 층이 전자로 꽉 채워진 불활성 기체는 매우 안정해 잘 반응하지 않는답니다.

같으면서도 다른 원소의 비밀

원소 아파트의 구조가 어느 정도 그려지시나요? 그럼 이제 이 아파트 방마다 붙은 숫자를 살펴보죠. 아파트 세대마다 다양한 숫자가 붙어 있듯, 원소 기호 밑에도 숫자가 붙어 있습니다. 원소 기호 밑에 쓰인 소수점 아래까지 나타내는 숫자는 원자의 질량을 의미합니다. 원자의 전체 크기는 전자에 의해 결정되지만, 원자의 질량은 양성자와 중성자(양성자와 전자가 더해진 것)가 더해져 만들어진 원자핵이 결정합니다. 원자를 축구장이라고 한다면 원자핵은 축구장 한가운데 놓인 축구공보다 작습니다. 대략 원자의 10만 분의 1 크기이지요. 그러나 이 작은 원자핵이 전체 원자 질량의 99.94%를 차지합니다. 따라서 원자 번호뿐 아니라 질량수도 원자핵에 의해 결정됩니다. 원자핵에 양성자가 몇 개 있느냐에 따라 원자 번호가 결정되고, 원자핵에 들어 있는 양성자와 중성자의 개수에 따라 원자의 질량이 결정되는 것이지요. 예를 들어 탄소(C)는 원자 번호가 6번이고, 질량수가 대략 12입니다. 즉 탄소의 원자핵에는 6개의 양성자가 들어 있고, 12-6=6, 즉 6개의 중성자가 들어 있다는 뜻이 됩니다.

원자핵 안에는 양성자와 중성자가 대부분 같은 숫자로 들어 있지만, 꼭 그렇지 않은 경우도 있습니다. 원자 번호 26인 철(Fe)의 질량수는 56입니다. 이는 철 원자의 핵 속에는 양성자 26개와 중성자 30개(56-26=30)가 들어 있다는 뜻이지요. 어떤 경우는 원자핵 속의 양성자 개수는 같은데 중성자 개수가 다르기도 합니다. 예를 들어 탄소는 원자핵 속에 양성자 6개와 중성자 6개가 든 경우가 대부분이지만, 양성자 6개에 중성자가 8개일 때도 있습니다. 이 경우에 양성자는 여전히 6개이기 때문에 성질은 탄소와 동일하지만, 중성자가 2개 더 있으니 보통의 탄소보다는 무겁습니다. 이렇게 같은 원소인데 중성자의 개수가 달라서 질량수가 다른 원소를 동위원소(同位元素, isotope)라고 하지요. 동위원소라는 단어를 대부분 원자력 발전과 관련해 듣게 되니 매우 위험한 느낌이 듭니다만, 사실 대부분의 원소가 동위원소를 가집니다. 동위원소가 희귀한 것만은 아니라는 말

• 왼쪽부터 규소, 황, 철. 세 물질 모두 양성자, 중성자, 전자의 종류는 동일하지만 원자핵 속 양성자 개수가 다르다.

이지요.

주기율표에 들어 있는 118개의 원소 외에 다른 원소들로 구성된 물질은 지구상에 없습니다. 사실은 이보다 훨씬 더 적습니다. 주기율표 중 92번 이후 원소는 인간이 인위적으로 만들어낸 것이니까요. 원래는 자연에 존재하지조차 않았던 물질이 주기율표의 4분의 1이나 차지하는 셈입니다. 그런데 각각의 원소는 서로 다른 요소들이 결합되어 만들어진 것이 아니라, 동일한 종류의 양성자가 원자핵 속에 몇 개 들어 있느냐에 따라 차이가 날 뿐입니다. 이건 정말 흥미로운 일입니다. 겉으로 보기에도 그렇고 성질도 그렇고, 규소(Si, 14), 황(S, 16), 철(Fe, 26)은 전혀 다른 물질입니다. 그러나 이들은 모두 동일한 양성자, 중성자, 전자가 모여 만들어졌습니다. 다시 말해 어떤 원인에 의해서든 원자핵 안에 양성자 14개가 뭉치면 규소가 되고, 16개가 뭉치면 황이 되고, 26개가 뭉치면 철이 된다는 것이지요. 이 사실을 알아내자 과학자들의 머릿속에는 당연한 질문이 떠올랐습니다. 원소의 특성이 원자핵 안 양성자의 개수에 따라 달라진다면, 원자핵 안의 양성자 개수를 인위적으로 바꿨을 때 다른 원자로 바뀌거나 기존에 없던 새로운 원자가 탄생하지 않을까? 라는 의문 말이지요.

과학자들이 누굽니까. 궁금한 건 확인해야 직성이 풀리는 부류잖아요. 그러니 당연히 확인해봐야지요. 1919년, 드디어 영국의 물리학자 어니스트 러더퍼드(Ernest Rutherford, 1871~1937)는 시험관 내에서 질소(원자 번호 7번) 원자핵에 헬륨(원자 번호 2번) 원자핵을 충돌시키는 실험을 합니다. 예상했지만 놀랍게도 질소와 헬륨은 온데간데없이 사라지고, 시험관 안에는 산소(원자 번호 8번)와 수소(원자 번호 1번)가 만들어져 있었다고 합니다. 7+2는 8+1과 같으니까요. 이것의 의미는 사실 작지 않았습니다.

지구상에 존재하는 그 어떤 원소들도 결국 원자핵에 뭉쳐진 양성자의 개수만 다를 뿐, 기본적으로는 같은 물질로 이루어져 있다는 것은 물질을 얼마든지 바꾸거나 치환할 수 있다는 뜻이 됩니다. 이러한 사실은 세상을 바라보는 눈을 다르게 만듭니다. 금이든 납이든 기본 구성 요소는 동일합니다. 어떤 물질도 영원히 그 물질로만 존재하는 것이 아니고, 조건에 따라 얼마든지 다른 물질로도 바뀔 수 있습니다. 이것이 자연입니다. 우리는 오랫동안 금은 귀하고 납은 평범하다 여겨왔는데, 그저 원자핵 속 양성자의 개수가 79개(금)인지

82개(납)인지의 차이일 뿐이라뇨. 그것도 언제든 변할 수 있다니. 이거야말로 연금술사들이 그토록 찾아 헤매던 비법 아닌가요? 하지만 이 사실은 세상이 원래 고정된 것이 아니라 얼마든지 변화할 수 있고, 우리는 우열을 따질 수 없는 존재라는 것을 깨우치게 합니다. 이 동일한 양성자와 중성자, 전자로 이루어진 물질들이 우리 모두를 만들었으니까요.

러더퍼드의 실험에 이어 과학자들은 일부러 원자핵을 충돌시키는 인위적인 방법을 사용하지 않아도, 스스로 원자핵을 구성하는 양성자 개수를 변화시키면서 저절로 모습을 바꾸는 물질도 지구상에 존재한다는 사실을 알게 됩니다. 예를 들어, 원자 번호 92번 우라늄은 헬륨(2번)을 방출하여 토륨(90번)이 되고, 계속해서 쪼개지다가 라돈(86번)을 거쳐 마지막에는 납(82번)이 됩니다(여기서 한 번만 더 쪼개지면 금[79번]이 될지도 모르는데 여기서 멈추다니 세상이란 결코 만만치 않군요!). 이 과정에서 분출되는 에너지를 '방사선'이라고 부릅니다. 방사선을 방출하며 바뀌는 물질을 방사능 물질이라고 하는데, 베크렐이 우라늄을 발견한 데 이어, 프랑스의 퀴리 부부는 라듐과 폴로늄 등 또 다른 방사능 물질을 찾아내는 데 성공합니다.

지구 에너지의 근원인 태양은 수소가 융합해 헬륨이 만들어지면서 발생되는 핵융합 에너지를 원동력으로 45억 년이 넘도록 불타오르고 있습니다. 이처럼 핵이 쪼개지고 융합되어 하나의 원자가 다른 원자로 바뀌는 일은 인위적인 것도 희귀한 것도 아닙니다. 그저 우주가 만들어지던 그 순간부터 지금까지 계속되어온 '자연스러운' 일이죠. 이 사실은 새로운 관점을 제시합니다. 세상 모든 것은 다양하게 바뀌고 역동적으로 순환하며, 우리는 그 커다란 흐름 속 한 부분이라는 거죠. 암호 같은 주기율표 기호 속에서 우리가 읽어내야 할 핵심 키워드가 바로 이것 아닐까요? '우린 모두 동등하다'는 사실 말입니다.

주기율표의 원소 기호 속에 숨은 이야기들

주기율표를 살펴보면 낯선 이름투성이입니다. 도대체 이런 이름들은 어떻게 붙여진 것일까요?

오래전부터 알려져서 이미 이름이 정해진 탄소, 산소, 붕소 같은 원소와는 달리, 새로 찾아낸 원소에는 원하는 이름을 붙일 수 있는 권한이 주어졌습니다. 그런데 이름을 붙이는 것도 일종의 유행이 있었다고 합니다.

첫 번째 유행은 신의 이름을 붙이는 것입니다. 원소의 성질과 유사한 신적 존재의 이름을 따서 짓는 건데요. 다른 원소와 결합했을 때 여러 색으로 변하는 원소는 그리스 신화 속 무지개의 여신 이리스의 이름을 빌려와 이리듐이라 지었습니다. 강한 산에도 녹지 않아 추출하기가 어려웠던 금속은 물속에서 갈증으로 영원히 고통받는 탄탈로스의 이름을 따서 탄탈룸이라 지었습니다. 나이오븀은 초기에 탄탈룸과 섞여서 혼돈되었다가 1864년에야 분리되었는데, 탄탈로스의 딸인 니오베에게서 이름을 따왔지요.

1789년 독일의 마르틴 하인리히 클라프로트(Martin Heinrich Klaproth, 1741~1817)는 피치블렌드라는 광석 속에 함유되어 있는 92번 원소를 발견했는데, 당시 발견된 원소 중 가장 무거웠다고 합니다. 몇 년 전인 1781년 토성의 바깥쪽에서 발견된 새 행성인 천왕성(Uranus)에서 이름을 따와 우라늄이라는 이름을 붙여주었습니다. 원래 우라노스는 대지의 어머니 가이아의 남편이자 제우스의 할아버지인 신의 이름입니다. 뒤이어 합성된 93번 원소와 94번 원소도 각각 해왕성(Neptune)과 명왕성(Pluto)에서 유래된 넵투늄과 플루토늄으로 명명되었지요. 넵튠과 플루토라는 이름은 그리스 신화에 나오는 바다의 신 포세이돈과 저승의 신 하데스의 로마식 명칭입니다.

두 번째 유행은 특정 지역이나 나라의 이름을 따는 것입니다. 대표적인 예가 폴로늄입니다. 프랑스에서 활동한 마리 퀴리는 폴란드 출신이었는데, 당시 러시아의 지배를 받고 있던 조국 폴란드를 기리며 새로 발견한 원소에 '폴로늄'이라는 이름을 붙여주었습니다. 앞에서 이야기한 부아보드랑의 갈륨과 빙클러의 저마늄도 이런 예에 해당하지요. 이밖에도 아메리슘 같은 나라 이름뿐 아니라, 스칸디나비아반도를 뜻하는 스칸듐, 유럽대륙을 의미하는 유로퓸, 캘리포니아에서 따온 캘리포늄, 버클리대학의 이름에서 유래된 버클륨도 있습니다. 최근 일본에서 발견한 113번 원소는 공식적으로 '니호늄'이라는 이름을 가지게 되었습니다.

세 번째 유행은 인명을 따는 것입니다. 주로 위대한 과학자의 이름을 따서 짓는데, 주기율표의 아버지인 멘델레예프의 이름을 딴 멘델레븀이 대표적이지요. 이 밖에도 코페르니슘, 노벨륨, 뢴트게늄, 퀴륨, 아인슈타이늄, 페르뮴, 러더포듐, 보륨, 마이트너륨, 로렌슘 등이 과학자의 이름을 따서 지은 명칭입니다. 원소의 이름과 실제 과학자의 이름을 짝지어보는 것도 흥미롭답니다.

02

끊임없는 자리바꿈 - 원소의 변환

베크렐, 방사선을 발견하다

1896년 2월, 프랑스의 물리학자 앙투안 앙리 베크렐(Antoine Henri Becquerel, 1852~1908)은 당시 최신 이슈인 X선에 관심이 쏠려 있었습니다. 바로 몇 달 전 독일의 물리학자 빌헬름 콘라트 뢴트겐(Wilhelm Konrad Röntgen, 1845~1923)이 X선의 존재를 발표하자, 베크렐도 X선에 흥미가 많아졌습니다. 베크렐은 우연한 기회에 빛에 전혀 노출시키지 않았는데도 감광된 사진 건판을 발견합니다. 이 사진 건판 위에 놓여 있던 물질은 우라늄이라는 이름이 붙은 92번 원소였습니다. 사진 건판에 우라늄을 올려두면 그 모양대로 감광되어 사진이 찍힙니다. 베크렐이 찍은 사진 건판에는 우라늄 덩어리뿐만 아니라,

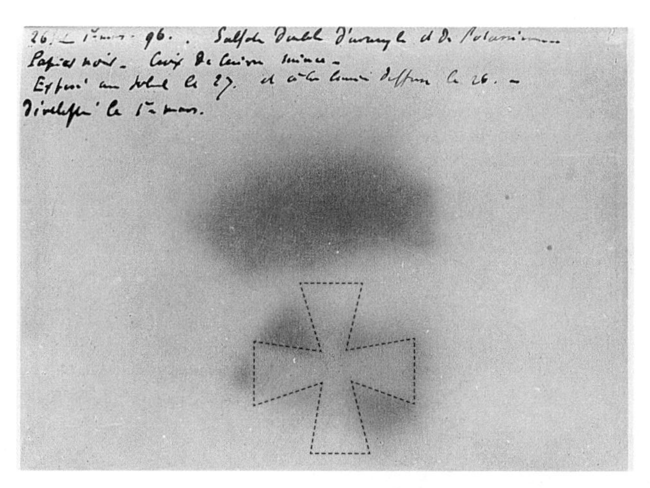

• 베크렐이 관찰한 최초의 우라늄 방사선의 모습. 아래쪽에 십자가의 모습이 보인다.

우라늄과 사진 건판 사이에 놓여 있던 구리 십자가의 무늬까지도 선명하게 찍혀 있었지요.

베크렐은 이와 관련한 일련의 실험을 통해 우라늄에서 사람 눈으로는 볼 수 없지만 사진 건판을 감광시킬 수 있는 일종의 '빛'이 나온다는 사실을 알게 되었습니다. 뭐든 새로운 것이 생겨나면 이름을 붙여주어야 합니다. 최초로 방사선을 발견한 베크렐의 이름은 방사선의 양을 측정하는 단위인 베크렐(Bq)*로 남게 됩니다. 베크렐이 방사선의 존재를 확인한 뒤, 피에르 퀴리(Pierre Curie, 1859~1906)와 마리 퀴리(Marie Curie, 1867~1934) 부부가 또 다른 방

* 1베크렐은 1초 동안 원자 1개가 발산하는 방사능을 가리키는 단위입니다.

• 최초로 방사선을 발견한 베크렐.

사성 물질인 라듐과 폴로늄을 잇달아 발견하면서 방사선을 가진 원소들이 인류와 본격적인 관계를 맺기 시작하지요.

여기서 헷갈리기 쉬운 용어인 '방사선' '방사능' '방사성 물질'을 잠깐 구별하고 넘어갑시다. 우라늄에서 뿜어져 나오는 빛이 '방사선'이라면, 이 빛을 내는 우라늄은 '방사성 물질'이며, 방사성 물질이 방사선을 내뿜는 세기를 '방사능'이라고 합니다. 향수에 비유해볼까요? 향수에서 뿜어져 나오는 향기는 방사선, 향기를 내뿜는 향수는 방사성 물질, 향수가 향을 내뿜는 정도를 방사능이라고 생각하면 됩니다.

지금이야 방사성 물질이 인체와 환경에 매우 위험할 수 있다는 걸 알기에 다룰 때 엄격한 규칙을 따르지만, 발견 초기에는 이를 잘 몰랐고 방사성 물질은 '신기한 돌' 정도로 취급되었습니다. 특히 이름이 빛(radius)에서 유래된 라듐은 어두운 곳에서 보면 초록빛이 납니다. 베크렐은 이 모습을 신비하게 여겨 조끼 윗주머니에 라듐을 넣고 다니며 매우 자랑스러워했다고 합니다. 하지만 얼마 지나지 않아 가슴에 생긴 원인 모를 종양으로 고생하기 시작했고, 몇 년 뒤인 1908년에 56세의 나이로 사망합니다. 베크렐의 공식적인 사인은 알려져 있지 않지만, 후대의 학자들은 라듐 방사선에 의한 종양이 원인일 거라고 추정합니다. 그러나 당시에는 라듐이 사람을 죽일 만큼 강력한 힘을 발휘했으리라고는 생각할 수 없었습니다. 방사성 물질이 발산하는 방사선은 몸에 매우 해로웠지만, 인간의 오감으로는 느낄 수 없으니 해롭다는 사실을 알기 어려웠죠. 오히려 빛이 나고 암세포까지 죽인다는 사실이 전해지면서 사람들은 이상할 정도로 라듐에 빠져듭니다.

물론 라듐은 암세포를 공격합니다. 현대 의학에서도 방사선을 이용한 항암 치료가 공식적인 치료법으로 인정되어 널리 이용되고 있지요. 하지만 방사선은 암세포뿐 아니라 신체의 모든 세포를 공격합니다. 분열 속도가 빠른 세포일수록 더 많은 피해를 입히는 성질 때문에, 보통보다 세포 분열이 더 빠른 암세포가 더 두드러지게 죽는 것뿐입니다. 다른 세포들이 안전한 건 아닙니다. 그래서 방사선으로 암을 치료할 때, 암이 발생한 특정 부위만 방사선에 선택적으로 노출시킵니다. 그럼에도 방사선 치료를 받는 항암 환자들의 대다수는 머리카락이 빠지고 심한 구토에 시달리지요. 위장 세포와 모근 세포도 활발하게 분열하는 세포라서 방사선에 영향을 많이 받기 때문입니다.

하지만 당시에는 이런 사실을 알지 못했습니다. 라듐이 암세포를 사멸시킨다는 일부분의 사실만 부각되어 심각한 오해를 낳았습니다. '암은 몸에 나쁜 것'이니 이 암을 치료하는 라듐은 '몸에 좋은 것'이라고 잘못 해석했지요. 사람들은 라듐이 암을 치료할 뿐 아니라 면역력을 높이고 질병을 예방하며, 나아가 건강을 유지하도록 도와주는 만병통치약이라고 생각하기 시작했습니다. 그래서 중이염을 예방하려 귀에 정기적으로 라듐을 쬐고, 피부 질환을 막으려 라듐이 든 물로 목욕을 하며 전반적인 건강 증진을 위해 라듐을 음식에 넣어 먹거나 화장품에 섞어 바르는 것이 유행합니다. 그래서 이 시기

• 라듐이 들었다고 홍보하는 1918년의 한 화장품 광고. 화장품의 이름조차 라듐과 비슷한 'Radior'이다.

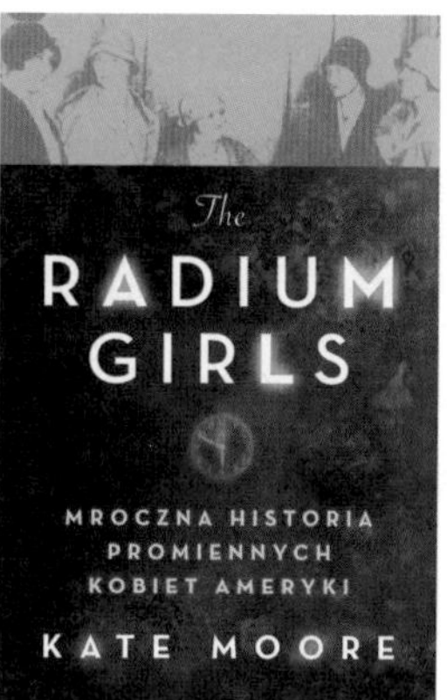

• 야광 시계에 라듐을 칠하는 여공들(왼쪽)과 이들의 희생을 다룬 책 『라듐 걸스』(오른쪽).

에는 신문과 잡지에 실린 라듐이 들어 있다는 초콜릿, 비누, 화장품, 생수 광고가 낯설지 않았습니다.

라듐이 해롭다는 사실이 본격적으로 알려진 계기는 '라듐 걸스' 사건이었습니다. 라듐은 어둠 속에서 빛을 발하는 특징 때문에 야광 시계를 만드는 페인트의 재료로 널리 쓰였습니다. 1920년대 시계 공장에서는 십 대 후반의 어린 여공들이 라듐 페인트로 숫자를 그렸습니다. 이들은 작업을 하다가 붓끝이 무뎌지면 입으로 붓끝을 빨아 뾰족하게 만들고는 다시 숫자를 썼습니다. 아직 어리고 장난기 많은 여공들은 종종 라듐 페인트를 입술에 바르거나 머리카락에 칠하며 놀기도 했습니다. 라듐 페인트를 머리카락이나 입술에 바르면 어두운 곳에서 희미한 유령처럼 빛을 냈고 장난치기에 그만이었지요.

하지만 몇 년 지나지 않아 여공 대부분이 악성 종양과 궤양, 턱뼈가 바스라지는 고통에 시달리게 됩니다. 급기야 1924년 한 해에만 이 공장에서 일하던 여공 아홉 명이 목숨을 잃었고, 다른 여공들도 생사의 기로에 놓입니다. 이 사건을 계기로 라듐의 유해성이 세상에 본격적으로 알려지기 시작했습니다. 지난한 법정 싸움 끝에 라듐을 이용한 페인트는 물론 다른 생활용품의 생산과 판매가 금지되었지만, 이미 상당수의 사람들이 어마어마한 양의 라듐 방사선에 피폭된 뒤였습니다. 대부분의 독극물은 노출되었을 때만 문제를 일으키지만, 방사선은 세포에 영구적인 손상을 입히기 때문에 일단 노출되면 더 이상 접촉하지 않아도 그 효과가 지속됩니다.

그래서 20세기 초에 활동한 물리학자 가운데 방사능 피폭이 불러온 후유증으로 사망하는 경우가 많았습니다. 라듐의 발견자인 마리 퀴리는 방사능 피폭으로 인한 재생 불량성 빈혈로 사망했고, 인공 방사능을 연구한 딸 이렌 졸리오 퀴리(Irène Joliot-Curie, 1897~1956)도 같은 병으로 사망했습니다. 핵물리학의 아버지라 불리는 엔리코 페르미(Enrico Fermi, 1901~1954)도 방사능 피폭에 의한 암으로 사망했다고 합니다. 인류가 방사선의 실체를 밝혀가는 과정은 수많은 목숨이 지불된 현대 과학사의 뼈아픈 이면입니다.

방사선이 왜 문제가 되는가?

우리는 방사선이 해롭다고 생각합니다. 그래서 극도로 경계하고 주의하지만, '라돈 침대'* 사건처럼 문제가 끊이지 않습니다. 도대체 방사선이란 무엇이고, 왜 문제가 되는 걸까요?

* 한 소비자가 우연히 가정용 방사선 측정 장치를 이용하다가 침대에서 방사선이 검출되어 신고한 것에서 시작된 사건입니다. 침대 매트리스 제조 시 첨가되었던 음이온 유발 성분으로 인해 방사성 물질인 라돈이 허용 기준치 최고 9배 이상이 검출되어 매트리스 전량을 수거해 폐기했습니다.

원자핵은 양성자와 중성자로 이루어져 있습니다. 중성자는 전기적으로 중성이지만, 양성자는 (+) 상태입니다. 전자기력은 기본적으로 서로 극성이 다르면 끌어당기고, 극성이 같으면 밀어냅니다. 자석은 다른 극끼리 갖다 대면 철커덕 달라붙지만, 같은 극끼리 갖다 대면 서로 밀어내지요. 그러니 기본적으로 원자핵 안에 양성자들이 여러 개 있으면 당연히 같은 극성을 지닌 양성자들끼리는 서로를 밀어내기 마련입니다. 다만, 원자핵을 이루는 핵력이라는 힘이 매우 강해서 양성자들의 반발력을 무시하고 이들을 가둬둘 수 있는 것이지요. 매우 미끄러운 재질로 만든 탱탱볼을 생각해보세요. 그냥 두면 탱탱볼끼리는 절대 달라붙지 않아 자연스럽게 붙여두기는 어렵지요. 하지만 그물주머니에 넣어두면 가두는 힘이 서로를 밀어내는 힘보다 세기 때문에 한데 모여 있게 되지요.

• 원자핵 속 양성자들은 그물주머니 속 공들과 동일한 원리로 한데 모여 있다.

그렇지만 양성자의 개수가 많아질수록 반발력이 커져 한데 모으는 데 큰 힘이 필요하고, 결국 이들을 모으는 게 어려워질 수 있습니다. 그물망에 공을 계속 넣다 보면 그 틈새로 공이 삐져나오는 것처럼요. 다시 말해 원자핵이 커질수록 양성자들이 서로를 밀어내는 힘이 커지기 때문에 매우 불안정한 상태가 됩니다. 사람이든 세상이든 원자든, 불안정한 상태는 오래 지속되지 못합니다. 결국 원자핵이 큰 원소는 스스로 다양한 방법으로 압력을 줄이려고 합니다. 그럼 그물망은 찢어지고, 인간 사회는 폭동과 전쟁이 일어나듯, 원자핵은 스스로 붕괴하며 방사선을 뿜어냅니다. 가만히 놔둬도 스스로의 힘으로 내부의 것을 튕겨내는 원소를 천연 방사성 물질이라고 부릅니다. 자연계에서 비스무트(Bi, 원자 번호 83번)보다 큰 원소는 모두 천연 방사성 물질입니다. 이들은 원자핵 속에 양성자가 너무 많아 쉽게 붕괴합니다. 원자 번호 88번 라듐이나 92번 우라늄은 가만 놔두어도 방사선을 계속 방출하는 대표적인 천연 방사성 원소지요.

하지만 비스무트보다 원자 번호가 작다고 해서 방사선을 내지 않는 것은 아닙니다. 바로 동위원소의 존재 때문이지요. 동위원소란 성질은 같은 원소인데 질량이 다른 물질을 말합니다. 앞서 원자핵에는 양성자와 중성자가 들어 있지만, 원소의 특성은 양성자의 개수로만 결정된다고 했지요. 그러니까 원자핵 속에 중성자가 몇 개든 양성자가 6개면 모두 탄소이고, 양성자가 8개면 모두 산소라는 것이지요. 일반적으로 원자핵 속에 든 양성자와 중성자 개수는 동일한 경우가 많지만, 가끔 다르기도 합니다.

탄소(원자 번호 6번)를 예로 들면, 대부분의 탄소 원자핵은 양성자 6개와 중성자 6개로 구성($_{12}C$)되지만, 양성자 6개와 중성자 8개로 구성된 탄소 원자핵($_{14}C$)도 있습니다. $_{12}C$와 $_{14}C$는 모두 탄소지만, 중성자의 개수가 달라 질량에 차이가 납니다. 이렇게 양성자 수는 같지만 중성자 수가 다른 물질을 동위원소라고 합니다. 자연은 불안정을 그대로 두지 않습니다. 매우 효율적이어서 가장 안정한 상태를 유지하려고 하니까요. 탄소의 동위원소인 $_{14}C$는 시간이 지나면서 서서히 중성자를 방출하고 $_{12}C$로 변합니다. 이때 방사선을 방출하며 붕괴되기에 $_{14}C$를 방사성 동위원소라고 말합니다.

그러니까 자연계 속에는 천연 방사성 물질과 방사성 동위원소가 원래부터 존재했고, 지금 이 순간에도 끊임없이 방사선을 튕겨내며 붕괴하고 있지요. 그런데 이들이 왜 그토록 무서운 존재가 된 것일까요? 다음 장에서 자세히 살펴보도록 합시다.

03

깨지면 나오는 것? - 원자의 에너지

이온화 방사선이라는 '해로운' 방사선

앞서 지구에는 방사선이 자연적으로 존재한다고 말씀드렸습니다. 모든 방사선이 인체에 악영향을 미치는 건 아닙니다. 방사선은 크게 이온화* 방사선과 비이온화 방사선으로 나뉘는데, 흔히 우리가 '해로운' 방사선이라고 부르는 것은 이온화 방사선입니다. 이온화 방사선이라는 이름은 방사선이 매우 강력한 에너지를 가지고 있어 주변에 있는 물질을 통과할 수 있고, 그 과정에서

* 이온(ion)이란 전자를 잃거나 혹은 전자를 얻어 전기적으로 양성 혹은 음성을 띠는 원자나 분자를 말합니다.
O는 산소 원소
O_2는 산소 분자
O^{2-}는 산화 이온
OH^-는 수산화 이온입니다.

물질의 구조를 흔들어 이온화시킨다는 뜻에서 붙여진 것입니다.

나무로 만든 상자에 사과를 담고 여기에 고무공을 던진다고 생각해 봅시다. 공은 튕겨 나올 뿐 나무 상자는 아무런 변화가 없고, 안에 든 사과도 그대로겠지요. 하지만 이 상자에 총을 쏜다면 어떻게 될까요? 총알은 나무 상자를 관통해서 뚫고 나올 테고, 이 충격으로 안에 든 사과도 깨지겠지요. 이온화 방사선은 나무 상자를 관통해 사과를 깨뜨리는 총알처럼, 물질을 투과하며 원소를 이온화시켜 문제를 일으킵니다. 다양한 방사선 가운데 알파선, 베타선, X선, 감마선 등은 이온화 방사선으로 분류됩니다.

병원에서 진단을 위해 사용하는 X선과 CT 촬영도 방사선을 이용합니다. 물론 진단용으로 최소한의 양만 사용하기 때문에 큰 문제는 없지만, 방사선은 누적되기 때문에 꼭 필요한 용도 외에는 남용하지 않는 것이 좋겠지요. 특히 X선은 몸에 칼을 대지 않고도 인체 내부를 들여다볼 수 있어서 19세기 말 발견된 즉시 의료용 진단 기구로 개발되었습니다. 이때 이 최신 의료 기기를 가장 먼저 받아들인 선구자 중에 안타까운 희생자가 꽤 많았습니다. 미국의 치과 의사 찰스 에드먼드 켈스(Charles Edmund Kells, 1856~1928) 박사는 X선의 발견 소식을 듣고 치과 진료에 이용하면 매우 효과적일 거라는 생각에 X선을 이용한 치과용 진단 기기 개발에 뛰어들었습니다. X선 기기를 이용하면 환자의 잇몸을 째거나 치아를 파내지 않아도 충치의 침투 정도와 매복된 치아의 모습, 염증 정도 등을 쉽게 알 수 있습니

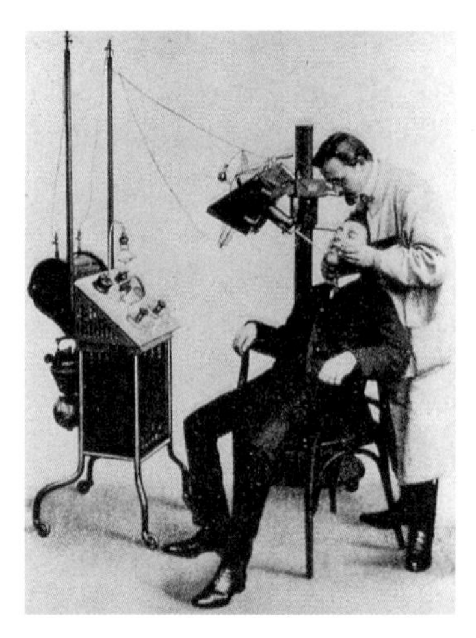

• 환자를 진단하기 위해 직접 필름을 붙들고 환자에게 X선을 쬐이는 에드먼드 켈스 박사.

다. 따라서 환자의 고통을 덜어주면서도 좀 더 효과적인 치과 진료가 가능합니다. 하지만 당시의 기술로는 환부에 직접 필름을 댄 채 상당한 시간을 들여 X선을 직접 쬐어야만 했지요. 필름을 환자 본인이 잡고 있어도 되지만, 좀 더 정확한 결과를 위해 (환자가 무의식중에 손을 움직인다면 X선 사진이 흔들릴 수 있기 때문에) 의사가 직접 필름을 잡고 X선 사진을 찍는 경우가 많았습니다. 켈스 박사도 마찬가지였지요. X선 사진을 가끔 한두 번 찍는다면 문제가 없겠지만, 켈스 박사는 매일같이 환자의 X선 사진을 직접 찍어 주다 보니, X선에 계속 노출되었습니다. 결국 지나치게 방사선을 쬔 탓에 왼팔을 절단하게 되었고, 전이된 암에 숨을 거두게 됩니다.

이런 불행한 사건들로 인해 X선 사진이 진단용으로는 매우 유용하지만, 지나치게 노출될 경우 신체에 해를 입힐 수 있다는 사실이 알려졌습니다. 최근 기계들은 X선 노출 시간을 최소한으로 줄였고, 관련 근무자들은 X선 사진을 찍을 때마다 방사선이 차폐되는 공간으로 피하는 규칙이 생겼습니다. 여러분도 X선 사진을 찍는 짧은 시간 동안 방사선 기사가 항상 다른 곳으로 나갔다가 들어오는 모습을 보았을 거예요. 이건 모두 방사선의 일종인 X선의 피해를 최소화하기 위한 조치입니다.

오랜 시간 방사선에 노출되면 위험하다

다시 이온화 방사선 이야기로 돌아옵시다. 이온화 방사선이 생물체에 위험한 이유는 무엇일까요? 앞서 살펴보았듯이 방사성 물질에서 발생되는 이온화 방사선(이하 '방사선'으로 칭하겠습니다)은 세포 조직을 뚫고 지나가면서 이름처럼 세포를 구성하는 성분을 이온화시킵니다. 이때 생체를 구성하는 단백질은 물론 세포막과 DNA, 특히 세포 내 물을 이온화시킵니다. 대부분의 생명체는 물을 가득 품고 있습니다. 물은 산소와 수소로 이루어져 있어서 이온화되면 강력한 산화력을 지닌 산소계 이온들이 생성되고, 이들이 세포의 단백질이나 효소, DNA 등에 손상을 입힙니다. 흔히 말하는 '유해산소' 또는 '활성산소'가 이들입니다. 손상 정도가 가벼운 세포는 자체 복구 시스템으로 회복되기도 하지만, 손상이 심하면 세포가 약해져 제 기능을 못하는 상태가 지속되거나 죽어버릴 수도 있습니다. 돌연변이가 생겨 암세포로 변할 수도 있고요. 이렇게 손상된 세포들이 많아지면 쇠약해지거나 암에 걸리게 되고, 심하면 사망할 수도 있습니다.

방사선은 인체의 모든 세포에 골고루 영향을 미치지만, 세포마다 방어력이 달라 결과는 조금씩 다르게 나타납니다. 방사선에 의한 손상은 그 세포가 어릴수록, 형태적·기능적 분화의 정도가 낮을수록 더욱 심하게 일어납니다. 다시 말해, 골수 조직이나 생식세포처럼 활발히 분열하고 분화가 덜 진행된 줄기세포를 가지고 있는 부위는 방사선에 더 큰 피해를 입는다는 것이죠(그래서 어린아이일수록 방사선 노출에 더 취약합니다). 실제 방사선에 피폭되는 경우, 가장 먼저 나타나는 변화가 바로 골수세포의 손상으로 인한 혈구 세포의 감소입니다. 그래서 피폭이 의심되는 경우 1차로 피 검사를 통해 혈구 세포의 숫자를 세어봅니다.

방사선 피폭 후 대상자의 혈액 속 림프구 수가 1㎣당 500개 이하(정상적인 경우 5,000~1만 개)로 관찰되는 경우, 안타깝지만 거의 대부분 회복하지 못하고 사망한다고 알려져 있습니다. 더 큰 문제는 조혈계 이상은 그 당시뿐 아니라 피폭되고 나서도 지속되어 피폭 30일 후에 최저치에 달한다는 겁니다. 일반적으로 150rad(rad는 흡수된 방사선량의 단위) 이하의 방사선에 노출된 경우에는 30일 후에 골수가 재생되어 회복 가능성이 높지만, 이보다 높은 양에 노출된 경우에는 적극적인 치료가 필요하고, 800rad 이상에 노출되었다면 대부분이 회복하지 못한다고 합니다. 방사선을 이용해 암을 치료할 때는, 환자가 회복할 수 있는 수준의 방사선량을 매우 세밀하게 조절해 사용한답니다. 그래도 역시 고통스러운 건 어쩔 수 없겠지요.

다행스럽게도 골수세포는 재생력이 매우 강해 90%가 파괴된 경우에도 집중적으로 치료를 받으면 원래대로 회복할 수 있습니다. 하지만 파괴된 골수가 재생되어 생존의 위험에서 벗어났다 하더라도 안심할 수는 없습니다. 이온화된 물은 시간이 지나면 원래대로 돌아가지만, 이미 생긴 유전자 손상은 계속 남습니다. 격렬한 축구 시합을 하고 나면 축구공에 흠집이 나기 마련이죠. 일반적으로 자잘한 흠집은 축구를 하는 데 큰 문제가 없지만, 때로는 흠집이 커서 구멍이 나기도 합니다. 구멍이 작으면 땜질해서 쓸 수도 있겠지만, 구멍의 개수가 너무 많거나 구멍이 너무 크면 축구공을 버릴 수밖에 없지요. 마찬가지로 방사선을 쪼이면 세포를 구성하는 유전자에도 생채기가 납니다. 원래 세포에는 유전자 손상을 복구하는 시스템이 있어서 손상이 작으면 고칠 수 있지만, 너무 심한 손상은 고칠 수 없습니다. 고쳐 쓰기에는 가성비가 떨어진다면, 포기하고 새로운 세포를 분열시키기도 합니다. 결국 이 세포는 기능이 떨어진 채 비실비실하게 살다가 결국 죽게 됩니다.

세포 이상을 수리했다고 문제가 끝난 것은 아닙니다. 더 무서운 것은 고장 난 유전자를 수리하는 과정에서 잘못 고쳐진 세포가 돌연변이가 될 가능성이 매우 높아진다는 겁니다. 다시 말해 고장을 제대로 수리하지 못한 정상적인 세포가 흑화해 암세포로 변할 수 있다는 말이지요. 방사선 피폭 생존자들은 이후 급성 방사선 증후군에서 회복되었다 하더라도, 장기적으로 암(특히 피폭에 의한 암은 주로 갑상선, 생식기, 유방, 골수, 임파선 등에서 많이 발생하는데, 이 조직을 구성하는 세포들이 방사선에 민감하기 때문입니다)에 걸리는 비율이 높아질 수 있으며, 신경세포의 지속적인 손상으로 시력과 청력의 저하, 신경학적 장애 등에 시달리기도 합니다. 그러나 방사선의 가장 큰 흉터는 정자나 난자와 같은 생식세포에 남습니다. 일반적으로 체세포에 일어나는 변화는 해당 세대에 국한되지만, 생식세포에 나타난 변화는 후대까지 이어지기 때문입니다. 생식세포도 세포 분열이 활발하므로 방사선에 대한 민감도가 높게 나타나지요. 생식세포의 유전자가 방사선으로 손상된 채 복구되지 못하면, 선천성 기형을 지닌 자손이 태어날 테고 불행을 대물림하게 됩니다.

이처럼 방사선은 인체를 구성하는 기본 단위인 세포에 장기적이고 영구적인 손상을 가져올 수 있으니 가능한 한 방사선 피폭을 피하는 것이 좋습니다. 방사능 피폭의 방호 대책의 3대 기본 요소는 ①거리, ②시간, ③차폐입니다. 불필요한 방사선 노출은 최대한 줄이고, 꼭 필요한 경우에는 다른 부위를 가릴 필요가 있다는 점을 꼭 기억해두세요.

반감기

방사성 물질의 특징은 방사선을 내뿜으면서 원자핵이 변화하는 시간이 늘 일정하다는 것입니다. 여기서 등장하는 단어가 바로 '반감기'입니다. 반감기(半減期, half-life)란 어떤 물질의 양이 초깃값의 절반이 되는 데 걸리는 시간입니다. 초깃값이 100이라면 100이 50으로 줄어들 때까지 걸리는 시간과 다시 50에서 절반인 25로 줄어들 때까지 걸리는 시간이 늘 일정하다는 것이죠.

그래서 방사성 물질의 양은 초반에는 상대적으로 빠른 속도로 줄어들다가 이후에는 속도가 현저히 느려집니다. 그런데 방사성 물질은 종류에 따라 반감기가 천차만별입니다. 인(^{32}P)의 반감기는 14일, 황(^{35}S)은 87일로 짧은 편이지만, 라듐(^{226}Ra)은 1,600년, 탄소(^{14}C)는 5,730년이 지나야 절반으로 줄어듭니다. 우라늄(^{238}U)의 반감기는 무려 45억 년이나 됩니다.

이렇게 일정한 비율로 양이 줄어드는 방사성 물질의 반감기는 시간을 측정하는 데 유용하게 사용됩니다. 예를 들어, 생물체의 체내에 존재하는 방사성 탄소(^{14}C)의 비율은 매우 일정합니다. 하지만 이 생명체가 죽게 되면 유지 시스템이 더 이상 작동하지 않기 때문에 방사성 탄소

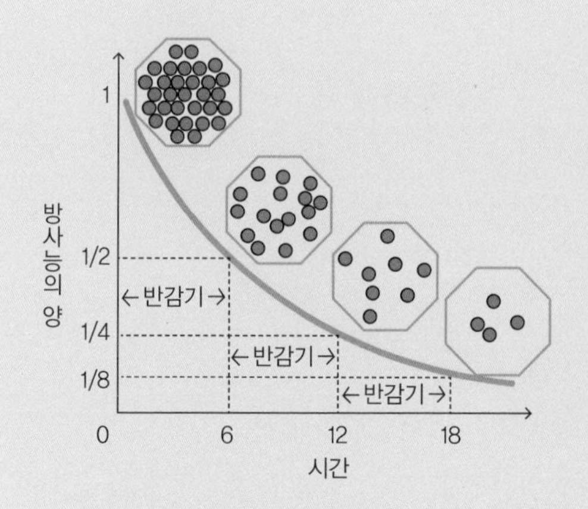

〈예〉

방사성 원소	반감기
아이오딘(^{131}I)	8일
인(^{32}P)	14일
황(^{35}S)	87일
코발트(^{60}C)	5.3년
라듐(^{226}Ra)	1,600년
탄소(^{14}C)	5,730년
칼륨(^{40}K)	13억 년
우라늄(^{238}U)	45억 년

• 일정한 비율로 양이 줄어드는 방사성 물질의 반감기 그래프.

는 자연적인 동위원소 붕괴 과정을 거쳐 보통의 탄소로 변합니다. 그래서 어떤 생물이 죽어서 화석으로 발견되었을 때, 이 생물의 몸속에서 방사성 탄소의 양이 통상 존재하는 양의 8분의 1 정도라고 합시다. 그럼 이 생물체 내 탄소 반감기는 대략 $\frac{1}{2} \times \frac{1}{2} \times \frac{1}{2} = \frac{1}{8}$이므로 5,730×3=17,190, 대략 1만 7,000년 전에 땅속에 묻혔다고 볼 수 있지요.

04

물질로 보는 거리의 중요성 - 물질의 상태 변화

기화열을 이용해 온도를 낮추는 에어컨

지난 2018년 여름, 저희 집 에어컨은 너무도 바빴습니다. 개인적으로 더위를 잘 타지 않아서 한여름에도 에어컨을 트는 걸 싫어했는데, 지난 여름은 도저히 견딜 수가 없더군요. 이 고마운 에어컨을 도대체 언제, 누가 만들었을까요?

에어컨은 1902년 처음 등장했습니다. 흥미롭게도 최초의 에어컨은 사람이 아니라 기계를 위해 만들어졌다고 합니다. 1902년, 미국 뉴욕에 위치한 어느 인쇄소에서 '습도를 조절할 수 있는 장치'를 주문합니다. 뉴욕은 허드슨강과 바다를 끼고 있어 여름이면 엄청난 습기 탓에 잉크가 번져 인쇄물이 엉망이 되기 일쑤였습니다. 손해가

• 최초로 에어컨을 만든 윌리스 캐리어.

막심했던 인쇄소가 견디다 못해 습기를 조절할 수 있는 기계를 주문한 것이지요. 의뢰를 받은 윌리스 캐리어(Willis Carrier, 1876~1950)는 고심 끝에 무덥고 습한 공기를 빨아들여 습기를 제거한 뒤 건조시켜 내보내는 장치를 고안합니다. 세계 최초로 공기의 습도를 인위적으로 바꿔 상태를 조정하는 장치, 즉 일종의 에어컨디셔너(air conditioner)를 만들어낸 거죠. 초기 에어컨디셔너는 지금의 제습기와 비슷한 장치였던 셈입니다.

1906년 사우스캐롤라이나의 한 방적 공장에서 또 의뢰가 들어옵니다. 당시 방적 공작에서는 천을 짜는 데 쓰는 방추(紡錘)가 움직이며 생기는 마찰열 때문에 기계가 고장 나는 일이 자주 발생했습니다. 그래서 방적 공장에서는 마찰열을 제거할 공기 냉각 기계가 필요했고, 캐리어는 기화열을 이용해 공기의 온도를 낮추는 공기 냉각 기계를 만드는 데 성공합니다. 자신감을 얻은 캐리어는 독립해 회사를 차려 1915년부터 자체적으로 공기 냉각 기계, 즉 지금의 에어컨을 생산합니다. 이것이 바로 '캐리어 에어컨'의 시작입니다.

캐리어가 에어컨을 만든 지 100여 년이나 지났지만, 여전히 에어컨의 기본 원리는 기화열을 이용해 공기를 냉각시키는 것입니다. 공기를 기화시키는데 어떻게 온도가 낮아질까요? 차가워지면 기체가 되는 게 아니라 고체가 되지 않나요?

아주 옛날부터 사람들은 물의 상태 변화를 알고 있었습니다. 물은 보통 액체 상태지만, 기온이 낮아지면 꽁꽁 얼어서 고체 상태인 얼음이 되고, 열을 가하면 부글부글 끓다가 수증기가 되어 날아갑니다. 기계의 도움을 받지 않고 물을 수증기로 바꾸는 건 쉽지만(가만 놓아두기만 해도 저절로 증발되어 날아가니까요), 물을 다시 얼음으로 바꾸는 건 어렵습니다. 그래서 예전부터 한겨울에 저절로 만들어진 얼음을 잘 저장해두었다가 얼음이 얼지 않는 계절에 사용했지요. 우리나라에서도 겨울마다 한강에서 얼음을 채취해 얼음 창고(동빙고, 서빙고)에 채워놓고 더운 여름에 꺼내 열기를 식혔다는 기록이 있습니다.

미국에서도 19세기 초반 뉴잉글랜드 지방의 꽁꽁 언 호수에서 얼음 덩어리들을 잘라내 인도와 오스트레일리아에까지 수출했다고 합니다. 그러다 눈이나 얼음 조각에 소금을 넣으면 얼음의 온도가 더욱 낮아진다는 사실을 발견하고는 식품을 냉동시키는 데 소금을 이용하기도 했지요. 이처럼 얼음에 섞여 온도를 더욱 낮추는 물질을 기한제(freezing mixture)라고 합니다. 겨울철에 얼어붙은 강을 자연 얼음 창고로 이용하던 시대는 1830년대에 얼음을 만드는 '기계'가 나오자 빠르게 저물어갑니다. 이 기계는 어떻게 얼음을 만들 수 있었을까요?

뜨거우면 커지고 차가우면 작아진다

뚜껑을 덮어놓고 찌개를 끓이다가 잠깐 한눈판 사이, 국물이 끓어 넘쳐 가스레인지 주변이 엉망진창이 되는 일이 자주 있습니다. 분명 냄비에 가득 차지도 않았던 찌개는 왜 끓이면 넘칠까요?

18세기 말, 프랑스의 과학자 자크 샤를(Jacques Charles, 1746~1823)은 기체의 성질을 연구하다가 기체의 온도가 높아지면 부피가 늘어나고, 온도가 낮아지면 부피가 줄어든다는 사실을 발견합니다. 이를 '샤를의 법칙'이라고 합니다. 샤를은 실험을 통해 온도가 1℃ 내려갈 때마다, 기체의 부피가 0℃일 때보다 정확히 $\frac{1}{273}$만큼 줄어든다는 것을 알아냅니다. 샤를의 법칙에 따르면 온도가 -273℃가 되면 이론적으로 기체의 부피는 0이 되어야 합니다. 그러나 물질의 부피가 0이면 존재하지 않게 되니 모순입니다. 정말로 온도를 낮추면 물질이 사라져버릴까요?

초반에는 정확히 1℃ 내려갈 때마다 $\frac{1}{273}$만큼 부피가 줄어들었습니다. 어쩌면 조마조마하게 기다렸을지도 모르겠네요. 물질이 사라지는 순간을 말이죠. 하지만 그런 일은 일어나지 않았습니다. 온도를 더 낮추니 -273℃에 달하기 전에 모든 기체는 상태가 변했거든요. 이산화탄소는 -79℃, 질소는 -196℃, 그리고 오랫동안 저항하던 헬륨도 -269℃에서 버티지 못하고 결국 액체로 변했지요. 액체는 부피가 일정합니다. 따라서 물질이 액체로 변하면 샤를의 법칙이 적용되지 않고, 물질은 사라지지 않습니다. 다만 상태가 달라졌을 뿐이죠. 그래서 -273℃는 이론적으로 내려갈 수 있는 최저 온도라는 의미로 '절대 영도(absolute zero point)'라고 불립니다. -273℃를 0으로 하는 온도 측정법은, 1848년에 이 개념을 처음 제시한 영국의 물리학자 켈빈 경(William Thomson, 1st Baron Kelvin, 1824~1907)의 이름을 따서 '켈빈 온도'라고도 부릅니다. 단위는 켈빈 경의 머리글자를 따 k라고 씁니다. 그러니까 우리에게 익숙한 섭씨 0℃는 켈빈 온도로 273k이며, 사람의 체온 37℃는 310k가 되는 셈이지요.

그렇다면 온도가 낮아질수록 기체의 부피가 줄어드는 이유는 무엇일까요? 앞서 말했듯이, 그건 기체를 구성하는 분자들의 상태에 따른 것입니다. 분자들이 상하좌우로 밀착하면 고체, 느슨하게 틈이 벌어지면 액체, 완전히 떨어져 개별 행동을 하면 기체입니다. 이런 분자의 상태 변화를 위해 필요한 것이 바로 열입니다. 열을 가할수록 분자들 사이가 멀어지고, 열을 빼앗길수록 분자들이 옹기종기 엉깁니다. 우리도 그렇잖아요. 추우면 서로의 온기를 나누기 위해 모여들고, 더우면 멀찌감치 떨어져 있으려는 것과 마찬가지지요. 따라서 액체가 증발하려면 주변에서 기화에 필요한 열, 즉 '기화열'을 빼앗아야만 하고, 액체가 얼려면 주변부에 남는 열, 즉 '융해열'을 발산해야 합니다.

열을 얻어 거리가 멀어지면 기체가 되고 열을 잃고 거리가 가까워질수록 액체와 고체가 됩니다. 그럼 이렇게 생각해보는 건 어떨까요? 물질의 상태 변화는 분자들 간의 거리에 따른 것이라고요. 다시 말해 분자 사이의 거리에 따라 고체-액체-기체가 된다고 말이죠. 만약 그렇다면 굳이 온도를 낮추지 않더라도 기체에 강한 압력을 주어 분자들 사이를 강제로 가깝게 만들면 기체가 액체로 변하지 않을까요? 네, 실제로 그런 일이 일어납니다. 이를 응축 현상이라고 하는데, 이 현상을 잘 이용하면 온도 변화 없이도 기체를 액체로 만드는 것이 가능합니다. 강한 압력으로 그냥 꾹꾹 눌러 담기만 하면 됩니다. 그러나 이렇게 액화된 물질은 자연스러운 상태가 아니기 때문에 압력을 없애면 다시 기체로 돌아갑니다. 다시 기체로 돌아가는 데 기화열이 필요하며, 반대로 기체를 강하게 응축해 액체로 만들면 융해열이 발생합니다. 에어컨은 이 원리를 이용하지요. 암모니아를 비롯한 기체 상태의 냉매 가스에 인위적으로 강한 압력을 주어 응축시켜 액체로 만들고, 이 냉매가 기화되면서 주변의 열을 흡수하도록 합니다. 그 과정에서 공기가 차갑게 식는 것이고요. 그래서 에어컨이 제대로 작동하려면 냉매 가스가 반드시 필요합니다. 이사할 때 에어컨을 옮기면 아무래도 냉매 가스가 새겠죠 새로 설치한 뒤에 냉매 가스를 보충해줘야 하는 이유도 이 때문입니다.

가장 처음 이용된 냉매는 암모니아였습니다. 재래식 화장실이나 잘 삭힌 홍어에서 나는 고약한 냄새의 원인인 암모니아(NH_3)는 질소 1개와 수소 3개가 결합된 강알칼리성 화합물입니다. 암모니아는 녹는점이 -77℃, 끓는점이 -34℃ 정도라서 실온에서는 기체 상태로 존재합니다. 암모니아는 다른 기체에 비해 응축이 잘 되고 물에 잘 녹아 진한 암모니아수를 만드는 등 액화시키기가 쉬워 가장 먼저 냉매로 이용된 물질이었지요.

에어컨 안에서 기화되며 열을 빼앗는 데 성공한 냉매 가스는 버리지 않고 압축기로 응축시켜 다시 액체로 만들어 재활용합니다. 액체에서 기체가 될 때 열을 흡수해야 하듯, 기체가 액체로 변할 때는 열이 방출되지요. 그래서 이 응축 과정을 수행하는 에어컨 실외기에서는 열기가 뿜어져 나오게 됩니다. 에어컨 실외기를 반드시 외부에 설치해야 하는 이유지요. 그런데 온도와 압력의 변화를 통해 기체의 부피를 자유자재로 조정하거나 물질의 상태 변화를 유도하는 이 힘은, 세상을 시원하게 하는 걸 넘어 인류를 지금까지와는 전혀 다른 세상으로 이끕니다.

산업혁명의 신호탄이 켜지다

2018년 봄, 독일 여행 중 뮌헨에 있는 국립독일박물관에 들렀습니다. 국립독일박물관은 '과학박물관'이라는 별칭이 붙을 정도로 현대 서양 기술 문명의 발전사를 한눈에 볼 수 있는 곳입니다. 그중 제 눈길을 끈 것은 어마어마한 크기의 증기기관이었습니다.

증기기관은 물을 끓일 때 나오는 수증기의 힘을 이용해 돌아가는 기계입니다. 물을 끓이면 수증기가 뿜어져 나오지요. 액체에서 기체로 변할 때 부피가 증가하는데, 수증기의 부피는 물보다 무려 1,600배나 큽니다. 폐쇄된 공간에서 이 반응을 일으키면, 한껏 뻗어 나가려는 수증기가 주변 물체를 엄청난 힘으로 밀어붙입니다. 냄비의 물이 끓으면 뚜껑이 들썩들썩하는 이유가 바로 이것이지요. 증기기관은 수증기가 뻗어 나가는 이 힘을 이용합니다. 다시 말해 증기기관은 물을 끓여 만들어진 수증기들이 뻗어 나가는 힘으로 실린더를 밀어 올리고, 다시 이 수증기를 응축해 부피를 줄여서 실린더가 내려가도록 합니다. 이 과정을 반복해 에너지를 얻지요.

이처럼 증기기관은 온도에 따라 물의 상태가 변화할 때 부피도 변하는 것을 이용한 기관으로, 물 분자의 열에너지를 운동에너지로 전환시킵니다. 흔히 증기기관 하면 영국의 발명가 제임스 와트(James Watt, 1736~1819)를 떠올리지만, 사실 그가 발명자는 아닙니다. 증기기관은 이미 1705년 영국의 발명가 토머스 뉴커먼(Thomas

Newcomen, 1663~1729)이 만들어냈지요. 다만 뉴커먼의 증기기관은 효율성이 좋지 못해, 엄청난 양의 연료를 소비하고도 운동에너지로 전환되는 양이 극히 적었습니다. 반면 1769년 와트가 만든 증기기관은 응축기와 실린더를 분리해 뉴커먼의 모델보다 효율을 두 배 이상 높였습니다. 역사는 1등만 기억한다는 통념이 증기기관에는 적용되지 않았습니다. '실질적 유용성을 가지는 것'이라는 속성 때문인지, 기술의 역사에서는 1등보다는 널리 적용된 기술이 기억에 남는 경우가 많습니다.

증기기관은 탄광 갱도에 고인 지하수를 퍼내는 펌프를 돌릴 목적으로 만들어졌습니다. 그래서 초기의 증기기관은 지금에 비하면 효율이 매우 낮음에도 큰 문제는 아니었다고 합니다. 사용 장소가 탄광이라 연료로 이용되는 석탄이 돌멩이만큼 흔했기 때문이지요. 앞서 살펴보았듯이 증기기관의 기본 원리는 두 가지입니다. 첫째, 액체의 기화 시 생겨나는 부피의 증가와 기체가 액화되며 나타나는 부피의 감소를 이용해 실린더를 위아래로 움직이는 것입니다. 둘째, 액

• 뮌헨의 국립독일박물관에 전시된 초기 증기기관의 모습. 초기의 증기기관은 탄광에서 갱도에 고인 물을 퍼내는 용도로 개발됐다.

체에 열을 가해 이끌어낸 분자의 운동을 실린더의 기계적 운동에너지로 바꾸는 것입니다. 인간이 불 위에 무언가를 올려놓고 끓이기 시작했던 수십만 년 전에 경험적으로 깨달은 현상을 대규모 기계 장치로 옮긴 것이 바로 증기기관입니다.

어찌 보면 증기기관의 원리는 매우 단순합니다. 하지만 물질의 상태 변화를 이용해 열에너지를 운동에너지로 전환한 이후, 인류의 역사는 전혀 다른 방향으로 엄청난 속도로 발전하기 시작했습니다. 처음에는 단순히 갱도의 물을 퍼내는 용도로만 쓰였던 증기기관이 차츰 인간이나 가축의 노동력을 대신하는 동력원으로 자리 잡았습니다. 1780년대에는 증기기관을 동력원으로 사용하는 방적기가 등장하며 제1차 산업혁명의 신호탄을 쏘아 올렸지요. 방적기란 섬유에서 실을 뽑는 기계를 말합니다. 전에는 물레를 이용해 목화에서 딴 목화솜이나 깎아낸 양털에서 실을 자았습니다. 「잠자는 숲 속의 공주」에 등장하는 그 물레 말입니다. 실을 뽑으려면 커다란 물레바퀴 아래에 목화솜이나 양털을 넣고, 일정한 속도로 바퀴를 돌리면서 다른 손으로는 섬유를 같은 방향으로 꼬아야 합니다. 물레질은 매우 지루하고 고된

• 물레 앞에 앉아 있는 노파.

일이어서 우리네 할머니들은 물레를 돌리며 이런 노래를 부르기도 했다지요.

잠아 잠아 오지 마라 시어머니 눈에 난다
시어머니 눈에 나면 임의 눈에 절로 난다
요내 눈에 오는 잠은 말도 많고 숭도 많다
잠 오는 눈을 쏙 빼어다 탱자낭게다 걸어놓고
들며 보고 날며 보니 탱자나무도 꼬박꼬박

–「물레질 노래」 중

참 고단했던 우리네 옛 여인들의 모습이 떠오르는군요. 이 상황에서 지루하고 괴로운 일을 기계가 '저절로' 할 수 있다니 사람들은 어떤 기분이 들었을까요? 방적기는 이 물레를 증기기관의 힘으로 돌리는 장치입니다. 물레는 바퀴가 일정한 속도로 끊임없이 돌아야 하니 사람보다는 일정한 속도로 움직이는 기관에 연결하는 것이 더 효율적이었지요. 방적기가 도입된 지 15년 만에 생산성이 200배나 증가했다고 합니다. 한 사람이 실타래 하나를 자아내는 동안에 방적기는 200개를 자아낼 수 있다고 하니 엄청나게 효율적이지요. 방적기의 성공에 뒤이어 증기기관을 원동력으로 하는 다양한 기계가 등장했고, 결국 소규모 가내 수공업은 대규모 공장제 공업에 밀려 자취를

감추고 말았습니다. 실제로 제1차 산업혁명에서 생산성이 증가한 결정적 이유는 인간의 근력에서 증기기관의 힘으로 산업의 동력원이 대체되었기 때문입니다. 이 사실에 누구나 동의합니다. 물질의 상태 변화를 이용한 동력원의 개발이 산업화의 급격한 진전을 가져왔고, 이 과정에서 생산수단을 소유하고 이윤을 얻는 자본가 계급이 출현했으며, 결국 자본주의의 탄생으로 이어졌다면 너무 비약적인 결론일까요? 적어도 물질의 상태 변화를 제어하는 기술이 자본주의를 태동시킨 불씨로 작용한 것만은 사실입니다. 가스레인지 위에서 보글보글 끓고 있는 냄비 속 힘이, 거대한 현대 기술 사회와 자본주의 사회의 초석이 되었다니 그 의미가 묵직하게 다가옵니다.

마른 얼음

무더운 여름, 아이스크림 전문점에서 아이스크림을 샀더니 가는 길에 녹지 않도록 드라이아이스가 들어 있는 부직포 주머니를 넣어주었습니다. 다음 날 아침, 아이스크림 상자를 버리려고 보니 부직포 주머니가 텅 비었네요. 드라이아이스가 녹고 남았어야 할 액체는 어디로 간 걸까요? 아이스크림 전문점에서 포장할 때 흔히 넣어주는 드라이아이스는 녹고 난 뒤에도 액체를 남기지 않는다는 뜻에서 '마른 얼음(dry ice)'이라는 이름이 붙었습니다. 드라이아이스가 흔적도 없이 녹아 사라지는 건 실온에서 기체로 존재하는 이산화탄소를 인위적으로 고체로 만들었기 때문입니다.

물질은 고체, 액체, 기체 중 하나의 형태로 존재하는데, 온도가 높아지면 기체가 되고, 온도가 낮아지면 고체가 되지요. 드라이아이스를 이루는 분자인 이산화탄소는 녹는점이 -78℃, 끓는점이 -56℃입니다. 이산화탄소를 액체로 만들려면 -56℃ 이하로 온도를 낮춰야 하고, 고체 형태인 드라이아이스로 만들려면 -78℃ 이하의 온도가 필요합니다.

보통 이 정도로 낮은 온도를 만들려면 기체를 압축 냉각해 인위적으로 분자들 사이의 거리를 좁혀 고체화시켜야 합니다. 이렇게 만들어진 드라이아이스의 온도는 -78℃ 이하입니다. 온도가 매우 낮아서 맨손으로 만지면 심각한 동상을 입을 수 있으니 조심해야 합니다. 드라이아이스를 만지면 화상을 입는다는 이야기도 있는데요, 드라이아이스를 만져서 입는 피부 손상은 분명 동상입니다. 피부가 빨개지고 물집이 잡히는 증상이 화상을 입었을 때와 비슷해 보여서 오해가 생긴 듯합니다.

어쨌든 드라이아이스를 실온에 방치하면, 드라이아이스 입장에서는 이미 끓는점을 한참 넘어선 데다 주변에 열이 충분하니 액체 상태를 거치지 않고 바로 기체로 바뀌어 날아가버립니다. 이렇게 고체에서 기체로 바뀌는 물질 변화 과정을 '승화'라고 하지요.

실온에서는 하얀 연기를 뿜어내며 작아지는 드라이아이스를 관찰할 수 있습니다. 하얀 연기는 이산화탄소가 아닙니다. 이산화탄소는 색이 없어서 보이지 않거든요. 하얀 연기의 정체는 수증기입니다. 차가운 드라이아이스 때문에 주변의 수증기가 얼어서 작은 물방울을 만들어서 일어나는 현상입니다. 새벽녘 낮은 기온에 대기의 수증기가 응결해 뿌연 안개가 만들어지는 것과 같은 원리입니다. 드라이아이스에 물을 뿌리면 연기가 급증하는 것도 습기가 많아지면서 응결되는 물방울도 늘어나기 때문에 일어나는 현상이랍니다.

ⓒ ProjectManhattan

• 하얀 연기를 뿜어내는 드라이아이스.

05

설국 열차를 탈 때의 필수품? - 물질의 순환

지금은 많이 알려져 식상할 정도지만, 영화 〈설국열차〉에는 많은 사람을 경악하게 하는 장면이 나옵니다. 바로 '꼬리칸' 사람들이 오랫동안 먹어온 단백질 바의 원료가 바퀴벌레였다는 건데요. 만지는 건 물론, 보는 것만으로도 소름 끼치는 바퀴벌레를 평생 동안 먹어왔다니요. 하지만 영화 속 일들이 현실화될지도 모르겠습니다. 꼭 바퀴벌레를 먹어야 하는 건 아니지만요.

개인적으로 바퀴벌레는 아니지만, 구더기와 비슷하게 생긴 밀웜 볶음을 먹어본 적이 있어요. 다소 거부감이 드는 생김새와는 달리 식감과 맛은 꽤 좋아서 놀랐습니다. 마치 짜지 않은 새우 과자 같은 맛이 나죠.

미국항공우주국 나사는 국제 우주 정거장에서 우주 비행사들의 소변과 땀을 모아 철저히 여과한 뒤 물 성분만 따로 추출해 식수를 만드는 방법을 연구했고요. 일본의 한 연구자는 인분에서 추출한 단백질을 이용해 만든 인조고기를 영상으로 공개해 여러 사람을 거북하게 만들기도 했지요. 사실 소변에 든 물이나 인분에 들어 있는 단백질은 화학적인 구조 면에서는 에비앙 생수나 횡성 한우 꽃등심의 단백질과 다를 바 없습니다. 하지만 일상에서는 화학보다는 관습과 문화와 통념이 더 큰 영향을 미치죠. 그렇기 때문에 선뜻 손이 가지 않는 건 사실입니다.

별에서 시작된 모든 것

우리는 모두 원소로 이루어진 존재입니다. 그런데 이 원소는 어디에서 왔을까요? 현재까지 과학자들이 밝혀내기로는, 원소의 시작은 138억 년 전 어느 순간으로 거슬러 올라갑니다. 바로 우주가 탄생하던 '빅뱅'의 순간이지요. 하지만 그때 지금 우리가 아는 모든 물질이 있었던 건 아닙니다. 초기 우주에 존재하던 물질은 대부분 양성자 하나로 이루어진 가장 작은 원소, 수소였습니다. 가장 단순한 물질이니 가장 만들어지기 쉬웠겠지요. 보잘것없는 작은 것의 위력은 오랜 세월과 충분한 숫자로 드러납니다. 개미 한 마리는 보잘것없지만, 개미 군집이 자리 잡은 곳에 어느새 높은 개미탑이 생기는 것처럼 말이지요.

빅뱅 이후 우주는 계속 팽창했고 수소들은 그저 여기저기 흩어져 있었습니다. 오랜 세월이 지나는 동안 우연히 근처에 있는 수소들이 부딪치고 뭉치는 일이 반복되며 점점 주변의 수소들을 끌어들였고, 커다란 덩어리가 만들어집니다. 이처럼 거대해진 덩어리 중심부에서는 사방에서 가하는 엄청난 압력과 열 때문에 수소 원자들이 융합해 헬륨으로 변하고 빛을 발하기 시작합니다.* 수소 핵융합을 통해 빛나는 별이 처음 탄생한 거죠.

* 핵융합에 필요한 온도
수소→헬륨: 1,000만K
헬륨→탄소: 1억K
탄소→네온, 나트륨, 마그네슘: 8억K
네온→산소, 마그네슘: 15억K
산소→규소, 황, 인: 20억K
규소→철, 니켈: 30억K

이제 별들은 각자 가진 수소의 양에 따라 수천만 년에서 수십억 년 동안 수소를 뭉쳐 헬륨을 만드는 핵융합으로 빛을 냅니다. 오랜 세월이 지나 수소가 고갈된 별은 이제 헬륨을 융합하기 시작합니다. 이때 별의 중심부에서는 어마어마한 온도와 압력으로 헬륨 원자들이 더해져 양성자의 수가 짝수인 원소들도 만들어지고, 양성자와 전자로 이루어진 중성자가 붕괴되면서 양성자가 홀수인 원소들도 만들어집니다. 우리가 '반짝반짝 빛나는 작은(실제로는 결코 작지 않은) 별'의 아름다움에 감탄할 때 그 내부에서는 지옥이라는 말이 어울릴 정도의 상황이 펼쳐집니다. 그 엄청난 고온 고압의

극단적인 환경에서 원자핵이 융합되어 리튬(3번), 베릴륨(4번), 붕소(5번), 탄소(6번)가 만들어지지요.

이때 수소의 양이 적은 가벼운 별(여기서 가볍다는 건 어디까지나 상대적인 개념입니다. 가벼운 별이라도 태양과 비슷하거나 더 큽니다)은 여기까지 만들고는 저절로 식어 작게 쪼그라든 백색왜성(white dwarf)이 되지만, 처음부터 수소가 많았던 무거운 별(태양보다 열두 배 이상 큰 별)은 좀 다릅니다. 이런 별은 내부 압력도 높고 커서 헬륨을 부지런히 태워 핵융합을 일으켜서 더 심한 고온 고압의 환경을 만들어냅니다. 그 힘으로 양성자 26개로 이루어진 철(Fe)까지 만들 수 있습니다. 별의 내부에서 만들어지는 원소는 원자 번호 26번인 철까지입니다. 이보다 더 큰 원소는 물리적 한계로 별의 내부에서는 만들어지지 못합니다. 그런데 세상에는 철보다 더 큰 원소가 많지요. 나머지는 어떻게 만들어지는 걸까요? 일단 별이 모든 원소를 다 태울 때까지 기다려 봅시다. 별이 모든 연료를 다 태워버리고 나면 자체 중력을 이기지 못하고 폭발하고 맙니다. 이 현상을 '초신성(supernova) 폭발'이라고 하는데요, 이 과정에서 상상할 수도 없는 에너지가 엄청난 속도로 뿜

• 허블 망원경으로 포착한 초신성 폭발.

어져 나옵니다. 그때 철에 중성자를 더하고, 다시 이 중성자를 붕괴하는 과정이 가속화되면서 27번 코발트부터 92번 우라늄에 이르는 원소들이 만들어집니다.*

이렇게 우주로 흩어진 물질 가운데 수소나 헬륨은 다시 뭉쳐서 불타오르고, 나머지 원소들은 암석을 만들거나 다른 별이나 행성의 일부가 되기도 합니다. 돌고 돈 원소들이 우리 몸으로 들어와 뼈와 살과 피를 이루는 재료가 되어 함께 살아가기도 하지요. 우리 몸을 구성하는 원소들은 짧게는 며칠에서 길게는 수십 년 동안 몸속에 머물다가 결국 땅으로, 다른 생명체로, 우주를 구성하는 물질로 다시 돌아갑니다.

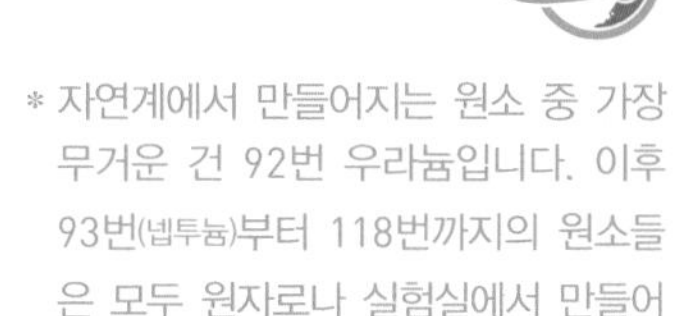

* 자연계에서 만들어지는 원소 중 가장 무거운 건 92번 우라늄입니다. 이후 93번(넵투늄)부터 118번까지의 원소들은 모두 원자로나 실험실에서 만들어진 인공 원소입니다.

우리 몸을 비롯한 모든 생명체, 우리가 살고 있는 지구, 나아가 우주를 이루는 모든 원소는 이 과정을 통해 만들어집니다. 지금 우리 피부를 이루는 탄소 원자는 수십억 년 전에 수십억 광년 떨어진 어떤 별이 불타오르면서 만들어진 탄소였을지도 모르지요. 그런 점에서 세계적인 천체물리학자 마틴 리스 경이 말한 "우리 모두는 별이 남긴 먼지"라는 문장이 마음 깊이 다가옵니다. 더 궁금하신 분들은 빌 브라이슨의 『거의 모든 것의 역사』를 읽어보시길 권합니다.

탄소의 무한 변신

우리를 이루는 모든 원소가 별에서 유래되었다면, 구체적으로 어떤 물질이 우리 몸을 이루는 걸까요? 인체를 구성하는 요소는 약 60여 가지 정도지만, 이 가운데 가장 많은 것은 탄소, 수소, 산소, 질소 네 가지입니다. 이들이 전체 원소의 96%를 차지하거든요. 가장 많은 부분을 차지하는 원소는 산소(약 65%)지만, 인간을 포함한 지구상에 존재하는 모든 생명체는 약 18%를 차지하는 탄소의 이름을 따 '탄소 기반 생명체'라 불립니다. 생명체를 구성하고 유지하는 단백질, 핵산, 지방, 탄수화물 네 가지 분자가 모두 탄소를 기반으로 하는 구조물로 구성되었기 때문입니다. 그렇다면 탄소는 어떻게 생물의 중심으로 자리 잡았을까요?

탄소(C)는 원자 번호 6번, 즉 양성자 6개를 가진 원소로 별이 핵융합을 하는 동안 1차적으로 만들어지는 원소 가운데 가장 무겁습니다. 이 원소를 특별하게 만들어주는 건 탄소가 지닌 어마어마한 결합력입니다. 탄소는 요즘 말로 원소계의 '핵인싸'인 셈이죠. 원소들은 독립적으로 존재하기도 하지만, 같은 원소나 다른 원소와 결합해 분자 상태로 존재하는 경우가 더 많습니다. 원소들끼리 결합해 분자를 만들면 구조가 더 안정되기 때문이죠. 이 중 탄소는 최외각전자가 4개라 결합 가능한 지점이 4개가 되어 다양한 조합이 가능한데다, 너무 크거나 작지 않아 다른 분자들과 어울리기에 적합합니다. 또

탄소 결합은 매우 안정적이고 특정 결합 방식을 고수하지 않기 때문에, 어떤 원소나 분자와도 대부분 결합이 가능하고 방법도 매우 다양합니다. 자기들끼리 길게 이어져 고분자물질을 만들 수도 있고, 육각형 고리 모양을 만들 수도 있으며, 단일결합/이중결합/삼중결합도 가능합니다.

이런 끝내주는 탄소의 친화력과 변신 능력 덕분에 세상에 존재하는 3,000만 종 이상의 화합물 중 4분의 3이 탄소화합물에 해당할 정도입니다. 화학 분야는 크게 둘로 나뉘는데, 하나는 탄소가 들어간 화합물을 다루는 '유기화학'이고 다른 하나는 그 밖의 화합물을 다루는 '무기화학'입니다. 심지어 고등학교 교과서에도 118가지 원소 가운데 유일하게 탄소만 다루는 대단원('주변의 탄소화합물')을 따로 구성할 정도지요. 생물체를 구성하는 핵산, 단백질, 탄수화물, 지방이 모두 탄소화합물이므로, 동물과 식물에서 얻는 모든 식재료와 털, 가죽, 기름, 섬유, 목재 등은 모두 탄소화합물입니다. 대부분의 플라스틱도 탄소를 뼈대로 하는 고분자물질이고요. 화석연료인 석유와 석탄은 먼 옛날 바닷속에 살던 미생물과 식물이 지층 속에 갇혀 형성된 물질로, 그 자체가 탄소화합물입니다. 그러니 여기서 만들어진 모든 석유화학제품도 탄소화합물입니다. 타오르던 별에서 만들어진 탄소가 이토록 다양하게 변주될 줄은 별조차도 알 수 없었겠지요.

질소의 끝없는 순환

불타오르면서 만들어진 다양한 원소들은 우주 곳곳으로 퍼져나가 존재하는데, 일부는 지구까지 흘러오게 되었지요. 그런데 지구는 스스로 타오를 만큼 뜨겁지도 않고 크지도 않아서 지구에 자리한 원소들은 대부분 안정된 상태로 존재합니다. 새로 만들어지거나 다른 원소로 변신하는 대신, 지구라는 닫힌 계 안에서 끊임없이 결합했다 떨어지며 이곳저곳에서 다양한 분자들로 존재합니다. 그중에서 우리 몸을 구성하는 데 아주 중요한 역할을 하는 질소를 살펴보며 원소의 지구적 순환 과정을 알아봅시다.

생명체를 이루는 중요한 요소 가운데 하나는 단백질입니다. 단백질을 만드는 블록인 아미노산은 반드시 질소(N)를 포함합니다. 그런데 생물체가 질소를 얻기란 결코 쉬운 일이 아닙니다. 질소가 귀하기 때문에 그런 게 아닙니다. 지구의 대기에는 질소가 79%나 포함되어 있어 질소 자체가 부족한 경우는 없습니다. 하지만 대기 중에 아무리 질소가 많더라도 일반적인 생물체에게는 '그림의 떡'일 뿐이지요. 질소는 화학결합 시 사용할 팔을 3개 가지고 있는데, 주변에 다른 질소가 있으면 자기끼리 손을 맞잡아 삼중결합 상태의 질소 분자(N_2)를 형성합니다.

그래서 식물들은 대기 중의 이산화탄소(CO_2)나 뿌리로 흡수하는 물(H_2O)을 분해해 탄소(C), 수소(H), 산소(O)는 쉽게 얻지만, 공기로 질소는 얻지 못합니다. 나뭇가지 하나는 잘 부러지지만 세 개를 겹쳐 부러뜨리는 데는 많은 힘이 필요하듯이, 삼중결합으로 단단히 묶인 질소 분자는 어지간해서는 잘 떨어지지 않거든요. 따라서 식물들은 주변에 질소가 널려 있음에도 불구하고 대기 중의 질소를 전혀 이용하지 못하며, 이들이 이용할 수 있는 질소는 결합력이 약해 원자 상태로 쉽게 떼어낼 수 있는 암모늄염(NH_4^+)이나 질산염(NO_3^-) 같은 이온 형태의 질산염류들뿐입니다.

예부터 사람과 가축의 분뇨나 짚을 썩혀 만든 퇴비 등이 논밭에 지력을 보충하는 거름으로 이용된 것도 이 때문입니다. 가축의 분뇨나 지푸라기 등은 기본적으로 생물체에서 유래된 물질이기 때문에 단백질의 구성 성분인 아미노산이 많이 들어 있을 것이고, 이들을 썩히면 미생물이 아미노산을 분해해 암모니아나 질산염이 만들어지거든요. 그래서 1900년대 초반 독일의 화학자 프리츠 하버(Fritz Haber, 1868~1934)가 공기 중의 질소를 이용해 질소 비료를 합성하는 방법을 찾아냈을 때, 사람들은 그에게 '공기로 빵을 만든다'라며 찬사를 아끼지 않았답니다.

• 공기 중의 질소를 이용해 질소 비료를 만들어낸 프리츠 하버.

이처럼 대기 중의 질소는 얻기가

어려워서, 동물의 분뇨나 동식물의 사체가 썩는 것을 제외하고는 토양에 질산염이 보충되는 방법은 매우 한정적입니다. 그중 하나가 번개로, 번갯불이 방전되면서 발생하는 엄청난 에너지가 대기 중 질소의 삼중결합을 끊어 빗물과 함께 땅속으로 스며들게 합니다. 다시 말해, 번개급의 에너지가 있어야 질소의 삼중결합을 끊을 엄두를 낸다는 것입니다. 그러니 번개와 엄청난 천둥소리는 땅을 비옥하게 만드는 축복의 메아리라 생각해도 됩니다(그렇다고 천둥과 번개가 치는 날 굳이 외출하진 마세요. 세상에는 멀리서 보기만 하는 게 더 좋을 때도 많으니까요).

하지만 이것만으로는 전체 식물계를 먹여 살리기엔 턱없이 부족합니다. 번개에 의한 질소고정은 생태계 전체 질소 필요량의 3분의 1 정도밖에 되지 않거든요. 질소를 번개보다 더 많이 환원시키는 역할은 질소를 고정하는 미생물이 맡습니다. 콩과 식물의 뿌리에 기생하는 뿌리혹박테리아나 토양 속에 사는 질소고정세균이 그런 미생물이지요. 이들은 질소의 단단한 삼중결합을 흐물흐물하게 녹일 수 있는 질소고정효소(nitrogenase)를 지니고 있습니다. 여러 가닥의 나뭇가지를 한꺼번에 꺾기는 어렵지만, 날카로운 전기톱이 있으면 나뭇가지 묶음은 물론이고 통나무까지 잘라낼 수 있듯이, 질소고정세균의 효소는 단단한 질소 분자의 삼중결합을 쉽게 끊어낼 수 있습니다. 다행히 토양에는 엄청나게 많은 질소고정미생물이 살고 있어서 질소 성분이 끊임없이 땅속으로 흘러들고, 식물은 토양 속 질소를

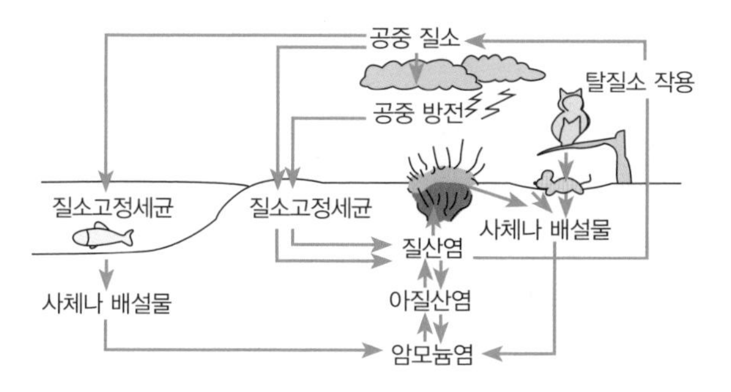

• 질소 순환 과정

흡수하고, 이들을 동물이 먹고, 그들의 배설물과 사체 속 질소는 공기 중으로 흩어졌다가 다시 번개와 미생물에 의해 땅으로 되돌아갑니다.

자연 상태에서는 이렇게 대기 중의 질소가 이온이 되는 과정(질소고정작용)과 이온화된 질소가 다시 질소 가스로 변화되는 과정(탈질소작용)이 균형을 이루어왔습니다. 그러나 지난 한 세기 동안 인류는 대기에서 질산염을 직접 합성하는 기술을 개발해 질소 순환의 고리에 인위적으로 개입했습니다. 프리츠 하버가 대중화한 이 인위적 질소고정 기술은 한때 극찬을 받았는데요. 최근 들어 지나친 질산염 비료의 사용이 불러온 토양의 질산염 과잉 현상과 유기물의 과다한 증가로 부영양화 같은 문제가 나타나기 시작했습니다. 우리는 여러 비극을 통해 지구의 모든 원소는 순환되고, 이를 막는 행위는 파멸을 불러온다는, 쓰디쓴 교훈을 얻었습니다. 생태계의 균형이란 참 엄격합니다. 그 대상이 질소든, 산소든, 탄소든 마찬가지입니다. 무엇이든 지나치게 기울어 균형이 깨지면 문제가 생겨납니다. 스스로 만들어낸 번개에 타 죽는 우를 범하지 않으려면 우리가 해야 할 일이 무엇인지 진지하게 생각해볼 때가 되었습니다.

언제부턴가 사랑의 증표로 다이아몬드 반지를 주고받는 일이 암묵적인 룰이 되었습니다. 최근에는 비싼 몸값을 자랑하는 '천연' 다이아몬드 반지 옆에 이것과 전혀 구별되지 않는 '합성' 다이아몬드 반지가 다소 저렴한 가격표를 달고 놓여 있기도 합니다. 그런데 합성 다이아몬드도 과연 다이아몬드일까요?

이 질문의 답을 구하려면 먼저 다이아몬드에 대해 알아야 합니다. 다이아몬드를 구성하는 원소는 탄소입니다. 흑연이나 숯의 주재료인 바로 그 탄소가 맞습니다. 시커멓고 무르고 값도 저렴해 연필 속에나 들어가는 물질인 흑연이나, 영롱하게 빛나며 단단하고 값비싼 다이아몬드나 구성 성분만 보면 탄소로 이루어진 동소체(同素體, allotropy)입니다.

세상에는 관계에 따라 전혀 다른 특성을 나타내는 존재가 있습니다. 마찬가지로 둘만 있을 때는 더없이 활기 넘치고 명랑한데, 북적이는 곳에 가면 꿀 먹은 벙어리가 되는 사람도 있습니다. 밖에서는 너무나 활달하고 상냥한데, 집에 와서는 고집불통에다가 가족들에게 냉랭한 사람도 있고요. 물질 중에는 탄소가 이런 특징을 보입니다. 탄소는 같은 탄소라 하더라도, 어떤 구조를 지니느냐에 따라 전혀 다른 성질과 상태를 나타냅니다. 탄소 원자들이 납작하게 흩어져 있으면 흑연이나 숯이 됩니다. 하지만 각각의 탄소 원자들이 다른 탄소 4개와 정사면체 구조로 결합하면 값비싼 다이아몬드가 되지요. 하지만 아무렇게나 늘어진 탄소 원자 하나하나를 정사면체로 바르게 맞추는 건 쉬운 일이 아닙니다. 틈만 나면 사방팔방으로 흩어지는 말썽꾸러기들을 한군데 모으려면 엄청난 유인책이 필요하듯, 어떤 모습이든 결합 가능한 탄소 원자를 하나의 상태로 고정시키기 위해서는 엄청난 고압과 고열이 필요합니다. 그래서 천연 다이아몬드는 주로 지각 130km 아래 깊은 곳에서 만들어집니다.

그렇다면 흑연이나 숯의 탄소 원자를 똑바로 줄 세워 정사면체로 만들면 연필심으로 다이아몬드를 만들 수 있을까요? 네, 가능합니다. 실제 '인조' 혹은 '합성' 다이아몬드라 불리는 다이아몬드가 바로 이렇게 만들어집니다. 합성 다이아몬드는 흑연 가루에 1400℃ 이상의 고온과 5만 기압 이상의 초고압을 가해 원자 구조를 재배열시켜 만듭니다.

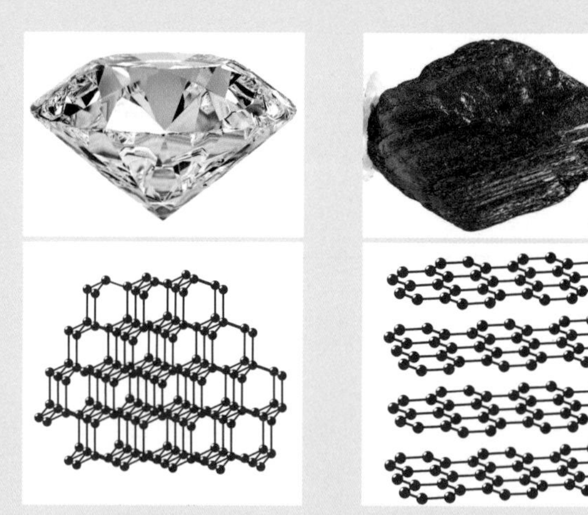

• 다이아몬드와 흑연은 탄소의 동소체이다.

따라서 합성 다이아몬드는 인간의 손으로 만들어냈을 뿐, 천연 다이아몬드와 성분이나 분자 구조는 동일합니다. 흔히 '모조' 다이아몬드로 불리는 큐빅 제품은 산화지르코늄(ZrO_2)을 이용해 만들기 때문에 아예 성분 자체가 다르지만, 합성 다이아몬드는 천연 다이아몬드와 성분도 같지요. 마치 자연산과 양식 제품처럼 다른 천연 다이아몬드와 합성 다이아몬드, 여러분은 어떤 것이 더 마음에 드시나요?

06

만들어지지도 사라지지도 않는 것들 - 보존의 법칙

에너지가 '보존'된다는 것

과학을 공부할 때 힘든 이유는 과학 이론이 직관적인 느낌과는 어긋나는 경우가 많다는 겁니다. 굳이 양자역학까지 가지 않아도, 열역학 제1법칙만 봐도 그렇습니다. 열역학(熱力學)은 말 그대로 '열(熱)과 일(力) 사이의 관계를 연구하는 학문'인데, 제1법칙은 에너지보존법칙, 제2법칙은 엔트로피의 법칙으로 잘 알려져 있습니다. 그런데 에너지보존법칙부터 뭔가 이상합니다. 에너지보존법칙은 '고립된 물리계 내에서 에너지의 총량은 항상 일정하게 보존된다'는 법칙입니다. 다시 말해, 우리가 살아가는 지구 자체가 외계와 고립된 대표적인 물리계이므로 지구상의 모든 에너지는 없어지거나 생겨나지 않고 항상 보존된다는 말입니다.

뭔가가 항상 보존된다는 뜻은 써도 써도 줄지 않는 요술 항아리 같은 느낌이 들지요. 그러나 우리는 매일같이 에너지 부족이니 에너지 위기니 하는 이야기를 듣고, 심지어는 머지않아 인류가 에너지 고갈로 멸망할 듯한 공포 분위기가 조성되기도 합니다. 분명 교과서에서는 에너지가 보존된다고 했는데 현실에서는 고갈되고 있으니, 이래서 이론과 현실이 다르다는 말이 나오는 게 아닐까요?

이 괴리감은 '보존'이라는 단어에 담긴 의미의 이중성에서 비롯됩니다. '보존'이라는 단어가 고정된 물질에 쓰일 때는 시간과 장소에 상관없이 변치 않는 것을 의미합니다. 고대 건축물의 '보존'이라든지, 음식을 썩지 않게 '보존'하는 냉장고와 같은 의미로 말이지요. 그런데 이 단어가 무형의 물질을 대상으로 하거나 집합적인 의미로 쓰일 때는 개념의 일관성이나 특정 상태를 유지한다는 뜻이 됩니다. 가령 조상의 빛나는 얼을 '보존'한다거나 환경을 '보존'할 때는 특정한 상태의 범위를 벗어나지 않는다는 뜻이 되지요.

마찬가지로 이 개념이 에너지를 대상으로 쓰일 때는 '에너지는 (반응 전후의 총량이) 보존된다'는 뜻으로, 개별 반응 에너지 값들은 서로 다를 수 있다는 뜻입니다. 3+5와 2+6이 개별 숫자는 달라도 결과 값은 8로 같듯이 말이지요. 자동차가 휘발유를 연소시키면, 일부는 엔진을 가동해 자동차를 움직이는 에너지로 전환되고 일부는 열에너지로 변해 공기 중으로 흩어집니다. 이때 휘발유가 가지고 있던 에너지의 총량과 엔진이 발생한 에너지+열에너지는 같습니다. 반응 전후에 에너지가 보존되는 것이니 일단 열역학법칙은 유지됩니다.

하지만 에너지의 가용성 측면이 다릅니다. 세상에 있는 모든 돈의 합이 늘 일정하다고 해도, 그 돈이 내 손 안에 없다면 쓸 돈이 부족하다고 느끼는 것과 마찬가지입니다. 에너지도 당장 내 지갑 속 돈처럼 내가 쓸 수 있는 것만 인식되기 마련이죠. 휘발유는 보관만 제대로 하면 언제든지 에너지원으로 사용할 수 있지만, 열에너지는 일단 발생한 뒤에는 공기 중으로 흩어져버려서 다시 잡아 다른 에너지로 전환시키는 일은 극히 어렵습니다. 그런데 거의 모든 에너지 반응에서는 반드시 열에너지가 발생되어 흩어집니다. 이 때문에, 에너지 반응이 일어날수록 우리가 사용할 수 있는 가용성 에너지원은 줄어들기 마련입니다. 따라서 전체 에너지의 양은 일정해도 내가 에너지원으로 사용할 수 있는 자원이 줄어들고 고갈된다는 것도 역시 맞는 말입니다.

교과서에서는 전체 에너지는 보존되지만 각각의 에너지가 다른 것으로 바뀌는 대표적인 예로, 위치에너지와 운동에너지라는 개념을 듭니다. '어떤 물체가 지닌 위치에너지는 그 물체의 운동에너지로 전환된다'라는 개념을 배우며 $mgh=\frac{1}{2}mv^2$이라는 공식을 외운 기억이 날 겁니다. 여기서 m은 물체의 질량, g는 중력가속도, h는 높이, v는 속도를 나타내는 약자라는 것까지도요. 이 개념을 현실에서 느낄 수 있는 예가 미끄럼틀입니다. 미끄럼틀 꼭대기에 있는 공은 그 높이에 있는 것만으로도 에너지를 가집니다. 이게 바로 '위치에너지'입니다. 그래서 미끄럼틀 꼭대기에서 떨어지는 공에 맞으면 꽤 아픕니다. 이 공이 미끄럼틀을 따라 굴러 내려오면 공이 지니고 있던 위치에너지는 운동에너지로 바뀝니다. 이때 원래 높은 곳에 있는 경우, 즉 h값이 크다면 운동 시 속도인 v값이 커져 공이 빨라집니다. 이론에 따르면, 모든 위치에너지는 운동에너지로 전환되어야 합니다. 여기서 등장한 개념이 '영구기관'입니다. 영구기관이란 한 번 동력을 주입받으면 더 이상 에너지를 공급해주지 않아도 영원히 움직이는 가상의 기관을 말합니다.

인간은 초보적인 형태의 기계를 처음 구상할 때부터 깨달았습니다. 기계를 만드는 것도 어렵지만, 만들어진 기계를 계속 움직이게 하는 동력원을 구하는 것이 더 큰 문제라는 사실을 말이지요. 모든 기계는 동력원이 없으면 그저 커다란 짐 덩어리일 뿐입니다. 물이 마른 강가에 떡 버티고 있는 물레방아는 아무리 잘 봐줘야 관상용 장식물이죠. 전기가 끊긴 곳에서 냉장고는 두꺼운 찬장과 다르지 않습니다. 산업혁명 이전, 인류가 쓸 수 있는 동력원은 물레방아(수력)나 풍차(풍력)를 제외하고는 대부분 사람이나 가축의 생물학적 근육에서 나오는 힘밖에 없었습니다. 이 때문에 안정적인 동력을 유지하는 것도 어려웠고 유지 비용도 비쌌습니다. 기계를 쓰는 것보다 사람에게 일을 시키는 편이 훨씬 편하고 값도 쌌지요.

그런데 열역학 제1법칙에 따르면, 에너지는 형태만 바뀔 뿐 사라

• 레오나르도 다빈치가 고안한 영구기관.

지지 않는다고 하니 참으로 매력적입니다. 잘만 디자인하면 끊임없이 일하는 영구기관도 만들 수 있을 것 같습니다. 하지만 충분히 짐작할 수 있듯이 현실에서 이런 일은 결코 일어나지 않습니다. 아이러니하게도 영구기관이 만들어질 수 없는 이유 역시 바로 에너지보존법칙 때문입니다. 미끄럼틀 위에서 공을 굴리면 공이 지녔던 위치에너지의 일부가 운동에너지로 바뀌는 동시에, 에너지 일부는 공과 미끄럼틀 사이의 마찰로 열에너지가 되어 공기 중으로 흩어집니다. 또한 지구상 어디에나 대기가 존재하기 때문에, 공기 저항으로 잃어버리는 에너지도 있습니다. 아무리 매끄럽고 정교하게 작동하는 기계를 만들더라도 작동 과정에서 외부나 내부 기관들끼리 마찰이 없을 수 없습니다.

에너지보존법칙에 따라 반응 전후의 에너지는 다른 에너지로 100% 전환되기는 하지만, 우리가 원하는 그 에너지로 바뀌는 게 아니라, 상당수가 마찰 등에 의해 열에너지가 되어 흩어져버립니다. 열로 흩어지는 비율은 상상을 초월합니다. 대표적인 예가 백열등입니다. 백열등은 전기에너지를 빛에너지로 전환시킬 목적으로 제작한 도구이지만, 제공한 전기에너지의 95% 이상이 빛이 아니라 열에너지로 전환되어 날아갑니다. 그래서 혹자는 백열등을 빛을 내는 도구라기보다 부수적으로 빛도 나오는 작은 난로라고 부릅니다. 흔히 향초를 녹일 때 사용하는 캔들 워머의 경우, 빛을 낼 때 열을 많이 발산하는 할로겐 등의 열을 이용해 향초를 녹입니다. 애초에 빛을 내는 전구를 열을 내는 전열 기구로 사용하고 있는 것이죠. 비슷하게 자동차의 엔진도 제공한 에너지, 즉 석유가 지니는 화학에너지 가운데 약 25~35%만 출력에 이용할 수 있고, 나머지 65~75%는 열로 날아갑니다. 어떤 과정을 거치든 에너지가 변환되는 과정에서 투입된 에너지의 일부는 열에너지로 바뀌어 날아갑니다. 따라서 지구 전체로 보면 에너지 자체는 보존되지만, 우리가 실제로 이용할 수 있는 에너지는 줄어들고 열에너지는 계속 늘어난다는 뜻이 됩니다. 어떤 에너지 전환 과정을 거치더라도 일부는 열로 흩어진다는 사실에서 열역학 제2법칙, 즉 엔트로피의 법칙이 등장합니다.

엔트로피는 감소하지 않는다

집안일에는 법칙이 하나 있습니다. 어질러진 집을 치우고 정리하는 데는 상당히 많은 노력이 필요하지만, 깨끗이 정돈된 집을 어지럽히는 건 힘들이지 않고도 가능하다는 것이죠. 이상하게도 아무것도 하지 않고 그저 잠만 자고 일어나도 집 안은 어딘가 지저분해진 느낌입니다. 이처럼 정돈하는 건 인위적인 에너지가 투입되어야 하는 일이지만, 어지르는 건 자연스럽게 일어납니다. 뜬금없게도 이런 느낌이 들 때마다 제 머릿속에는 '엔트로피(entropy)'라는 단어가 떠오릅니다.

엔트로피는 여러 가지로 정의되지만 흔히 '무질서도' 혹은 '자유도'로 표현합니다. 자연계에서 일어나는 '자연스러운' 반응은 모두 엔트로피의 증가를 수반합니다. 다시 말해 에너지 전환 반응이 일어나는 경우, 각각의 에너지는 정돈된 쪽에서 자유로운 쪽으로 가는 편이 더 자연스럽다는 겁니다. 열역학 제2법칙은 바로 이 엔트로피에 대한 것으로 '고립된 계에서 엔트로피의 변화는 절대로 감소하지 않는다'는 법칙입니다. 즉, 자연계에서 일어나는 모든 과정들은 방향성이 있으며, 대부분은 가역적이지 않다는 말입니다. 이 과정에 대해 처음으로 설명을 시도한 독일의 물리학자 루돌프 클라우지우스(Rudolf Clausius, 1822~1888)는 '변화'라는 뜻의 그리스어에서 딴 '엔트로피'라는 이름을 붙여줍니다(아아, 물리학자 분들이 반발하는 모습이 떠오르지만, 여기선 넘어가기로 하지요).

따뜻한 물에 얼음을 넣으면 분자 상태의 배열이 다른 두 물체가 섞여 미지근한 물이 됩니다. 온도가 다른 두 물체가 접하면 열평형에 의해 두 물체의 온도가 같아질 때까지 열이 높은 쪽에서 낮은 쪽으로 흐르도록 되어 있기 때문입니다. 지면은 기울어짐을 싫어하는 경향을 보입니다. 기울어짐은 일시적으로 발생할 수는 있지만, 절대적이라 할 만큼 원래의 평형 상태로 다시 되돌아가곤 하지요. 따라서 얼음이 녹거나 따뜻한 물이 식는 과정은 자연스럽게 일어나지만, 미지근해진 물이 저절로 따뜻한 물과 얼음으로 나뉘는 일은 없습니다. 물론 방법이 아예 없는 것은 아닙니다. 미지근해진 물의 일부는 얼리고, 일부는 끓이면 되니까요. 하지만 얼음을 만들려면 냉각기를 이용해야 하고, 물을 끓이려면 가열 기구를 사용해야 합니다. 각각의 장치를 움직이려면 동력원, 즉 에너지가 투입되어야 하고, 이 과정에서 투입되는 에너지도 모두 물을 데우거나 얼리는 데만 사용되는 것이 아니므로, 일부는 열에너지로 공기 중에 흩어집니다. 다시 말해 에너지를 투입해 부분적으로는 엔트로피를 감소시키는 것은 가능하지만, 이 행위로 인해 전체적으로는 엔트로피가 다시 증가한다는 것입니다.

열역학법칙에 따라 우리가 사는 세상을 살펴봅시다. 에너지는 일을 할 수 있는 능력이기 때문에 열역학 제1법칙인 '에너지보존법칙'에 따르면, 세상에 존재하는 에너지는 늘 같으므로 일을 할 수 있는 능력도 항상 동일해야 합니다. 하지만 열역학 제2법칙인 엔트로피 법칙에 따르면, 어떤 반응이 일어날 때마다 엔트로피는 절대 줄어들지 않습니다. 이때 엔트로피가 증가한다는 건 열에너지가 증가한다는 말입니다. 따라서 열에너지 손실 효율 100%의 기계를 만드는 건 현재는 불가능합니다. 현실적으로 에너지 전환 반응에서 열 손실이 차지하는 비중은 매우 높으므로 열효율이 좋아지도록 개선할 수는 있습니다. 하지만 원천적으로 차단하는 것은 거의 불가능해서 일부는 항상 열로 흩어져버립니다. 결국 세상에 존재하는 에너지의 총량은 동일하지만 엔트로피가 증가해 에너지의 일부는 열로 날아갑니다. 이렇게 우리가 사용 가능한 정돈된 에너지는 점차 줄어들고, 사용할 수 없는 무질서한 에너지가 증가하게 됩니다. 정리하자면 세상에 존재하는 모든 에너지 가운데 사용 가능한 에너지는 점점 줄어들고 있으므로 우주는 궁극적으로 최대 엔트로피 상태, 즉 사용 가능한 에너지가 완전히 고갈되어 더 이상 아무런 활동도 일어나지 않는 상태로 치닫는다고 볼 수 있습니다.

에너지의 측면에서 보면, 낮은 엔트로피의 농축된 에너지 상태에서 높은 엔트로피의 분산된 에너지 상태로 변하는 과정이 열역학 제2법칙입니다. 물질의 상태 측면에서 보면, 결국 모든 반응은 엔트로피가 최댓값이 될 때까지 즉, 모든 에너지가 균등하게 분배되어 우주 전체에 흩어지는 상태가 될 때까지 지속되며, 이후에는 반응이 정지된다고 볼 수 있습니다. 결국 우주의 끝은 모든 것이 무작위로 뒤섞인 카오스 상태로 마무리되는 것일까요? 어쩐지 결론이 허무하지만, 그나마 다행인 건 짧은 생을 사는 인간은 누구도 그 끝을 경험하지 못한다는 사실입니다.

역사의 황금시대는 반복될까

고대 그리스인들은 인류의 역사를 황금시대-은의 시대-청동의 시대-영웅의 시대-철의 시대, 이렇게 다섯 시대로 나누었습니다. 제우스가 탄생하기 이전 시기가 황금시대인데, 이때는 걱정도 고통도 죽음도 없는 그야말로 완벽한 시대였습니다. 황금시대가 끝나고 펼쳐진 은의 시대는 올림포스의 신들이 등장한 시기로 이전보다는 나쁘지만 그래도 다음에 오는 시대보다는 나았다고 합니다. 이 과정은 계속되어 세상은 점점 살기 힘들고 고통스러운 곳이 되었습니다. 마지막 철의 시대는 지금 우리가 살고 있는 시대로 인간의 타락에 절망한 신들은 인간을 버리고 하늘로 올라갔습니다. 마지막까지 인간의 곁에 남아 보살피려고 애썼던 정의의 여신 아스트라이아마저도 인간을 버리고 하늘로 올라갔고, 결국 단 한 명의 신의 가호마저 잃어버렸습니다. 지금은 모든 정의가 사라진 시대입니다. 인류에게 남은 건 고통 속에서 몸부림치는 인생과 서로 죽고 죽이는 파멸뿐이지요.

인생의 괴로움에 지친 사람들은 늘 과거를 동경했습니다. 과거에 황금시대가 있었지만 세상이 점점 나빠져 지금처럼 되었다고 말합니다. 이렇게 가다가는 인류와 세계가 멸망에 이른다는 것이지요. 거의 모든 문화권의 신화에 종말이 등장하는 건 우연이 아닙니다. 이러한 종말론적 사고에서 벗어나 지금보다 더 나아질 것이라는 낙관적 희망이 꽃핀 건 근대 과학 발전 이후의 일입니다. 인류는 과학기술을 이용해 과거보다 더 나은 삶을 디자인할 수 있게 되었습니다. 의료 기술과 보건 정책의 발달로 인류의 평균 수명은 과거보다 확실히 늘어났습니다. 그뿐만 아니라 각종 가전제품과 교통수단을 비롯해 삶의 질을 높일 만한 것들을 수없이 개발해냈지요. 이 과정에서 과거보다 나은 미래를 꿈꾸게 되었습니다.

하지만 열역학법칙의 진정한 의미를 깨닫는 순간, 희망은 제한된 미래가 되고 맙니다. 보이저 2호가 찍은 태양계 가족사진에서 보듯 우주는 매우 넓습니다. 그리고 지구는 이 넓디넓은 우주의 한구석에 위치한 '창백한 푸른 점'으로, 반경 수천만km 안에 있는 달을 제외하고는 연결된 것이 전혀 없는 고립된 물리계일 따름입니다. 따라서 지구에서 에너지의 전환 과정이 반복될수록 엔트로피는 증가할 뿐입니다. 우리가 쓸 수 있는 것을 모두 사용하고 나면? 에너지는 존재하되 우리가 쓸 수 있는 것은 하나도 남지 않는, 비유하자면 주변이 물로 넘쳐나지만 정작 마실 수 있는 식수가 없어 갈증으로 죽을 운명에 놓인 바다 위 표류자 신세가 되고 마는 거죠.

이런 운명을 보여주는 예가 바로 이스터섬입니다. 남태평양 한가운데 외따로 떨어져 있는 섬이 하나 있습니다. 1722년 네덜란드의 탐험가가 섬을 처음으로 발견한 날이 부활절(Easter)이어서 이스터섬(Easter Island)이 되었습니다. 처음 도착한 서양인들에게 이스터섬은 미지의 대상이었습니다. 나무 한 그루 없는 황량한 벌판에 '모아이'

© Rivi

• 이스터섬에 줄줄이 늘어서 있는 모아이 석상.

라고 불리는 거대한 석상만 800개 넘게 줄줄이 서 있었기 때문입니다. 도대체 이 이상한 광경을 어떻게 이해해야 할까요?

비밀은 수백 년이 지나 밝혀집니다. 원래 이스터섬은 야자나무 1억 그루가 우거진 지상 낙원이었다고 합니다. 야자는 원주민에게 달콤한 과즙이 듬뿍 든 열매를 제공했습니다. 그뿐만 아니라, 야자나무로 집을 짓고 그 껍질로는 배를 만들어 물고기를 잡으며 여유로운 삶을 누릴 수 있었지요. 날씨도 좋고 먹을 것도 풍부했기에 이곳에 살던 7~8개의 씨족으로 이루어진 원주민들은 그럭저럭 안온한 삶을 누릴 수 있었습니다. 비극의 씨앗은 한 씨족의 구성원들이 자신들의 조상을 기리기 위해 석상을 하나 세우면서 시작됩니다. 석상 세우기는 씨족들 사이에서 자존심 싸움으로 번져나갑니다. 다른 씨족보다 더 크고 더 높고 더 멀리에서도 보이는 석상을 쌓기 위해 치열한 경쟁을 벌였습니다. 석상을 만들 바위를 옮기려 나무를 베어 통나무 바퀴를 만들었고, 모든 물자와 자원을 오로지 석상을 만드는 데만 투입하기 시작합니다.

이 과정에서 섬의 야자나무 수는 점점 줄어들었고, 임계점을 넘기자 이곳의 생태계는 회복될 수 없는 수준으로 철저히 망가졌습니다. 석상은 보기에는 멋지지만 먹을 수는 없습니다. 결국 야자나무를 모조리 베어 석상을 만든 주민들은 자멸 상태에 이르고 맙니다. 학자들은 이스터섬이 이토록 풍비박산된 것은 외부와 철저하게 고립된 섬이었기 때문이라고 입을 모아 말합니다. 만약 이스터섬이 대륙의 일부였다면 부족한 물자를 외부에서 충당해 어느 정도 삶의 수준을 유지할 수 있었을 겁니다. 하지만 망망대해에 홀로 우뚝 선 이스터섬은 물자가 나갈 수도 들어올 수도 없었고, 임계점을 넘기는 순간 모든 생태계가 무너져버린 것이지요. 고립된 물리계에서는 엔트로피가 결코 감소하지 않기 때문입니다. 즉 시간이 지날수록 사용 가능한 에너지는 줄어들고, 사용할 수 없는 에너지만 커진다는 이야기입니다.

크기만 다를 뿐 지구도 이스터섬과 다를 바 없는 고립된 물리계입니다. 엔트로피의 증가가 가져올 지구의 결말도 비슷하다는 이야기겠지요. 이제 초심으로 돌아갑시다. 미래의 세계는 과거보다 더 힘들 수도 있다는 관점으로 말이지요. 다만 과거의 사람들이 그 상태를 숙명론적으로 받아들였다면, 현실의 우리는 다가올 결말을 알고 대비할 방법도 찾아낼 수 있습니다. 엔트로피 증가의 법칙을 바꿀 수는 없겠지만, 적어도 엔트로피가 최대가 되는 순간을 늦출 수는 있습니다. 운이 좋다면 그 순간을 인류가 존재하지 않는 먼 미래로 연장하는 일도 가능할지 모릅니다. 재생 가능한 에너지의 개발, 에너지의 효율적 이용과 에너지 절감, 자원의 재활용 등이 빠른 엔트로피의 증가로 종말을 향해 달려가는 인간의 폭주를 늦추는 효과가 있음을 우리는 이제 알고 있습니다.

중간 유통 단계는 물건 값을 올리고, 에너지의 전환은 손실을 가져온다

영화 〈7년 만의 외출〉에서 뉴욕의 지하철 환풍구 위에서 갑자기 불어 나온 바람에 날려 올라가는 치맛자락을 누르는 마릴린 먼로의 모습. 고인이 된 지 반세기가 넘었지만, 이 명장면만큼은 지금도 많은 사람의 뇌리에 남아 있습니다. 그런데 이 지하철 환풍구에서 뿜어져 나오는 바람을 보면서 마릴린의 치맛자락이 아닌 다른 걸 떠올린 사람들도 있었다고 합니다.

대부분의 건물이나 지하철역에서는 환풍구를 설치해 공기를 강제 순환시킵니다. 그러지 않으면 내부 공기가 정체되어 쉽게 오염되기 때문이지요. 그래서 환풍구 앞에 서면 바람 부는 걸 느낄 수 있어요. 그리고 누군가는 이런 생각을 합니다. 지하철역에 설치된 대형 환풍구에서 불어 나오는 강한 바람을 그냥 날려 보내기 아까우니 그 앞에 풍력 발전기를 설치해 전력의 일부를 회수해보자고 말이지요.

얼핏 보면 매우 그럴듯한 생각입니다. 서울을 비롯한 대도시 지하철에 이미 대형 환풍구와 환풍기가 설치되어 돌아가고 있으니까요. 초기에 설치 비용이 좀 들겠지만 거기서 나오는 바람을 이용할 수 있다면 결국에는 이득이 아닐까 하고 말이지요. 하지만 이 아이디어는 결국 실현

되지 못한 채 해프닝으로 끝나고 말았지요.

이유는 열역학법칙 때문입니다. 어떤 에너지를 사용하든 이것을 100% 전기에너지로 바꾸는 발전기는 아직 없습니다. 게다가 풍력발전은 화력이나 원자력발전에 비해서도 전환 비율이 낮습니다. 게다가 풍력발전기 자체가 무거워서 이걸 돌리려면 현재 지하철 환풍구에서 나오는 바람 세기로는 어림도 없습니다. 적어도 바람의 강도를 지금보다 5~10배쯤 올려야 하지요. 즉 지하철 환풍구 바람으로 풍력발전을 하려면 전기를 지금보다 더 사용해 환풍기를 더 세게 돌려야 하는데, 이때 얻어지는 풍력 전기의 양은 환풍기를 세게 돌릴 때 추가로 필요한 전력량보다 적습니다. 이래서는 돈과 시간을 투자해 발전기를 설치할 필요가 없지요. 게다가 환풍기의 본래 목적은 공기를 순환시키는 것인데, 환풍구에 발전기가 놓이면 공기 순환에 문제가 생기게 됩니다. 그럼 환풍기의 출력을 또 올려야 하니 악순환으로 이어지지요.

지하철 환풍구를 이용한 풍력발전은 원리 자체에 과학적인 오류가 있는 건 아니라 불가능하지는 않을 겁니다. 그러나 현실적으로 얻을 수 있는 결과물은 거의 없습니다. 과학적으로 가능한 것과 현실적으로 쓸모 있는 것이 구분될 필요가 있겠지요.

• 영화 〈7년 만의 외출〉에 나오는 마릴린 먼로의 명장면.

07

만남은 흩어짐을 위한 과정 - 대륙 이동

어마어마한 퍼즐

제가 어릴 적 유행하던 게임 중에 '테트리스'가 있었습니다. 서로 다른 모양을 가진 테트로미노를 정해진 칸에 빈틈없이 채워 넣는 게임이었지요. 무작위로 나오는 테트로미노를 이리저리 회전시키고 좌우로 이동시킨 뒤 빈칸에 정확하게 맞춰 여러 개의 층이 쪼르르 없어지는 순간이 바로 테트리스의 묘미입니다.

테트리스가 나오기 전에도 사람들은 '조각 맞추기' 놀이를 즐겼습니다. 완성된 그림을 일부러 조각내어 만든 직소 퍼즐은 1760년 영국에서 만들어진 이래 수 세기가 흐른 지금도 여전히 인기 있는 놀잇감으로 남아 있지요. 한때 과학자들 사이에도 이런 종류의 '조각

맞추기'가 인기를 끌었습니다. 다만 이들이 맞추던 게 조그마한 테트로미노나 직소 조각이 아니라 어마어마하게 커다란 대륙이었다는 차이가 있을 뿐이지요.

1492년 크리스토퍼 콜럼버스가 신대륙을 '발견'한 이후(물론 이미 오래전부터 사람들이 살던 땅이었으니 유라시아대륙의 사람들이 처음으로 '인지'했다고 하는 것이 맞겠지요. 게다가 콜럼버스는 평생토록 자신이 발견한 땅을 인도의 일부로 알고 있었고요) 서구인들은 발 빠르게 움직여 1527년경에는 아메리카대륙의 해안선을 비교적 정확하게 측량한 지도를 그려내는 데 성공합니다. 그런데 막상 지도로 한눈에 보니 대서양을 중심으로 멀리 떨어져 있는 남아메리카대륙의 해안선과 아프리카대륙의 해안선 모양이 상당히 닮았던 거죠. '이 땅덩어리들이 원래는 하나로 붙어 있다가 갈라진 게 아닐까?'라는 생각을 떠올리게 할 정도로요. 물론 생각만 그런 게 아니었습니다. 독일의 지리학자이자 과학자, 탐험가로 유명했던 알렉산더 폰 훔볼트(Alexander von Humboldt, 1769~1859)는 두 대륙을 직접 탐사하고 둘 사이에 지질학 및 생물학적 유사성이 발견된다고 보고한 적이 있었습니다. 이어서 두 대륙이 원래는 하나였다는 주장을 널리 퍼뜨린 인물은 독일의 기상학자이자 지구물리학자인 알프레드 로타르 베게너(Alfred Lothar Wegener, 1880~1930)였습니다.

시대를 앞선 천재인가, 어설픈 몽상가인가

흥미롭게도 베게너는 원래 지질학자가 아니었습니다. 베게너의 관심사는 땅이 아니라 하늘이었습니다. '쾨펜의 기후 구분'* 으로 잘 알려진 러시아 출신의 저명한 기상학자 블라디미르 페터 쾨펜(Wladimir Peter Köppen,1846~1940)의 사위였고, 자신도 스물여섯에 기구를 띄워 세계 최초로 북극 상공의 대기를 관측 연구한 촉망받는 기상학자였고요. 이처럼 잘나가는 기상학자 베게너가 하늘이 아니라 땅에 관심을 가지게 됩니다. 서른둘이던 1912년 「독일지질학회지」에 '대륙의 기원에 관하여'라는 글을 발표하고, 1915년에 발간한 『대륙과 해양의 기원』에서 '판게아(pangea, 그리스어로 '모든 땅')'라는 이름의 초대륙을 상정한 것으로 보아 매우 이른 나이부터 땅에 관심을 가졌던 것으로 보입니다.

* 1884년 쾨펜이 최초로 제시한 세계 기후 분류 체계입니다. 흔히 기후를 구분할 때 적도를 시작점으로 위도에 따라 열대, 건조, 온대, 냉대, 한대 기후로 1차적으로 나눈 뒤, 강수량과 건조 정도, 평균 온도 등에 따라 추가적으로 나누는 분류법을 사용합니다. 쾨펜의 분류법을 최초로 제시한 사람이 바로 쾨펜입니다. 이 분류법에 따르면 우리나라는 온대 기후 중 온난 습윤 기후에 속합니다.

베게너는 이 책에서 지구상에 존재하는 유라시아, 아프리카, 남북아메리카, 호주, 남극대륙 등 분리된 대륙들은 원래 판게아라는 하나의 거대한 대륙이었지만, 오랜 세월에 걸쳐 쪼개지고 이동하며 현재와 같은 배치가 이루어졌다는 가설을 제시합니다. 이에 대한 증거로 멀리 떨어진 대륙들의 해안선이 서로 맞물리고, 이 해안선을 중심으로 좌우에서 출토되는 동식물 화석이 유사하며, 서로 다른 대륙의 산맥들이 마치 하나의 등뼈처럼 줄기가 이어진다는 사실을 근거로 듭니다. 게다가 단순히 쪼개지기만 한 것이 아니라 쪼개진 이후에 이동까지 했다는 증거로 남극대륙의 지각 밑에서 발견된 열대 식물의 화석과, 아프리카의 열대 지역에서 빙하의 흔적이 발견된다는 사실을 들었습니다.

• 대륙이동설을 주장한 베게너.

이토록 어마어마하게 크고 단단한 대륙들이 쪼개질 뿐만 아니라 흩어지기까지 하다니! 얼핏 들어도 지나친 상상력의 산물로만 보입니다. 당시 과학자들이 베게너의 주장에 고개를 절레절레 흔들며 손사래를 친 게 당연하게 느껴집니다. 베게너의 말대로라면 대륙을 쪼개고 갈라놓는 어마어마한 '힘'이 있다는 건데, 그 힘이 도대체 무엇인지 알 수 없으니까요. 사실 베게너도 거기까지는 몰랐습니다.

세상 사람 누구나 특정 현상을 해석하며 자신의 생각이나 의견을 제시하고 스스로 옳다고 주장할 수는 있습니다. 저 하늘 위 달이 아무런 생명도 살지 못하는 회색 돌덩어리가 아니라 노랗게 빛나는 치

* 과학적으로 인정받으려면 관측 가능하고, 측정 가능하며, 추론 가능해야 합니다. 칼 세이건은 이를 '내 차고 속의 용'에 빗대어 설명합니다. 만약 누군가가 자신의 차고에 용이 살고 있다고 주장합니다. 그럼 다른 이들은 용이 산다는 증거를 보여달라고 하겠지요. 그런데 그는 이렇게 말합니다. "이 용은 투명해서 보이지도 않고, 소리도 내지 않으며, 형체가 없어서 볼 수도 들을 수도 만질 수도 없습니다"라고 말이죠. 그럼 당신은 그 용이 존재한다는 사실을 받아들일 수 있을까요?

즈라거나 계수나무 아래 옥토끼가 방아를 찧고 있는 따스한 공간이라고 주장해도 됩니다. 상상은 어디까지나 자유니까요. 다만 그 주장을 다른 사람들이 인정하고 받아들이게 하려면 이를 뒷받침할 수 있는 실질적 증거나 논리적 증명이 필요합니다. 특히 과학자들은 이에 익숙한 사람들입니다. 과학자들은 가설이 무엇인지보다는, 얼마나 논리적인 구조와 실질적인 증거로 탄탄하게 뒷받침되어 그 가설에 모순이 생기지 않는지가 더 중요합니다.

갈릴레오 갈릴레이는 지구중심설(천동설)이 맞지 않다는 여러 증거를 찾았음에도 불구하고 종교재판에 회부되는 등 고초를 겪었습니다. 당시 사회 통념이 거부한 것도 있지만, 근본적인 이유는 갈릴레이가 지구를 움직이는 힘의 원리를 설명할 수 없었기 때문입니다. 도대체 이 커다란 지구가 어떤 힘으로 움직이는지 제대로 설명하지 못했는데, 그것이 결정적 약점이 되었지요. 반면 갈릴레이 사후 등장한 뉴턴이 비슷한 주장을 펼쳐도 별다른 사회적 고초를 겪지 않았던 건 시대가 변해서가 아니라 만유인력의 법칙을 통해 지구가 움직이는 원리를 제시했기 때문입니다. 과학의 세계는 목소리가 큰 사람이 아니라, 가장 조리 있고 실질적인 증거를 제시하는 사람을 인정한다는 뜻이지요.

베게너는 300년 전의 갈릴레이와 비슷한 처지에 놓이게 됩니다. 여러 정황 증거는 찾았지만 결정적인 원리와 이를 뒷받침하는 증거는 알지 못했지요. 훗날 베게너의 대륙이동설이 정설로 받아들여지자, 베게너에 반대한 과학자들을 '시대에 앞서간 천재를 이해하지 못한 어리석은 사람들'이라고 종종 폄훼하는데, 이는 당시의 과학자들을 너무 낮잡아본 말입니다. 베게너가 아니라 그 과학자들의 말이 논리적이고 이성적으로 옳습니다. 생각해보세요. 대륙을 쪼개어 움직일 정도라면 엄청난 에너지가 필요할 텐데 그 에너지의 근원을 설명할 수 없고 관측할 수도 없다면 어떨까요?* 게다가 대륙이 움직이려면 지각의 내부는 움직일 수 있는 구조, 즉 액체거나 적어도 액체에 가까운 유동적인 물질로 이루어져 있어야 합니다. 딱딱한 고체는 움직이거나 흐르지 못하니까요. 그런데 당시의 관측 결과에 따르면 지구의 내부 구조는 단단한 고체로 추정되었습니다. 이 때문에 대륙이 움직인다는 사실을 더더욱 받아들일 수 없었던 것이었지요.

사람들의 반대와 조롱에 부딪힌 베게너의 이때 심정은 아마도 '진짜인데, 맞는데, 뭐라 설명을 못하겠네' 하며 답답했을 테고요. 결국 베게너는 자신의 주장을 뒷받침해줄 원리를 찾고자 나이 쉰에 그린란드 탐험 길에 올랐고, 결국 춥고 황량한 그린란드의 오지에서 조난되어 세상을 떠나고 맙니다. 베게너의 죽음과 함께 대륙이 이동한다는 주장도 같이 사라지는 듯했지만, 그가 남긴 생각은 결코 묻히지 않았습니다.

원리를 알아야 진실이 된다

베게너의 대륙이동설은 1960년대 들어 다시 빛을 보게 됩니다. 1960년대 지진이 만들어낸 지진파를 연구하던 과학자들은 지구 내부가 하나로 단일하지 않고, 서로 다른 여러 개의 층상으로 이루어진 복합적인 존재라는 사실을 알아냅니다. 지진파와 같은 파동은 어떤 매질을 통과하느냐에 따라 그 속도가 달라지는 특징을 보이거든요. 예를 들어, 소리를 나타내는 음파는 대기보다 물속, 또는 고체 속에서 훨씬 더 빨리 움직입니다. 소리의 전파 속도는 공기 중에서는 340㎧지만, 수중에서는 1,500㎧, 철 속에서는 5,941㎧나 됩니다. 소리는 물속에서는 대기보다 약 4.4배, 철 속에서는 17.5배나 빠른 속도로 움직이는 거죠. 옛날 서부 영화 속에서 주인공이 철도 레일에 귀를 대고 보이지 않는 기차가 어디쯤 왔는지 추측하는 장면이 나옵니다. 이 상황이 가능한 이유는 레일이 철로 이루어져서 공기 중에 퍼지는 기차 경적보다 훨씬 더 빠르게 소리를 전달하기 때문입니다.

만약 지구가 단일한 돌덩어리라면 지진파는 같은 속도로 이동해야 합니다. 그러나 지구 내부를 관통하는 지진파가 특정한 경계면을 기준으로 속도가 바뀐다면, 그 지점을 비록 눈으로 직접 확인할 수는 없지만 이를 경계로 매질의 밀도가 변한다는 추론이 타당합니다. 실제로 지구 내부를 통과해 전달되는 지진파를 분석하면, 특정한 면을 경계로 굴절되거나 사라지는 현상이 관찰됩니다. 이는 지구의 내부 구조가 균질하지 않다는 뜻입니다. 이런 지진파의 굴절 현상과 꺾임 정도를 바탕으로 역추적하면 다음과 같은 결과가 나옵니다. 지구의 반지름은 약 6,400km이고, 표면으로부터 100km까지는 단단한 암석권에 속하지만, 그 아래 약 400km까지는 일종의 젤과 같은 상태로 대류 현상에 따라 이동이 가능한 층으로 이루어졌다는 사실이지요. 과학자들은 이 부분에 '연약권'이라는 이름을 붙여주었습니다.

여기서 중요한 점은 겉으로 단단해 보이는 지구의 껍질 아래에 흐를 수 있는 유체 형태의 연약권이 존재한다는 사실입니다. 연약권은 지구 내부에서 올라오는 뜨거운 열을 받아 느리지만 분명하게 대류 운동을 합니다. 이렇게 연약권이 움직이면 그 위에 위치한 암석권도 서서히 이동할 수밖에 없습니다. 쇼핑 카트를 끌고 무빙워크를 타는 것과 같은 이치입니다. 카트의 바퀴는 무빙워크 바닥의 톱니에 맞물려 단단하게 고정되지만, 무빙워크의 바닥이 움직여서 카트를 이동시켜줍니다. 암석권 자체는 단단한 돌덩어리라서 스스로 움직이지 않지만, 암석권을 떠받치고 있는 연약권이 움직이므로 덩달아 끌려가는 상태인 것이죠. 이는 베게너조차도 예측하지 못했습니다. 사실 베게너도 지구는 거대한 돌덩어리라고 생각했지만, 위쪽의 지각층을 이루는 돌덩어리들이 가벼워서 더 무거운 아래쪽 돌덩이 위를 미끄러진다고 추측했습니다. 즉 지각이 움직인다는 전제 자체는 맞았지만, 지각이 움직이는 과정은 잘못 유추한 것이지요. 베게너의 추론은 틀렸지만, 대륙이 움직인다는 사실만은 확실하게 밝혀낸 셈입니다. 네, 과학자들도 실수합니다. 사실 더 자주 실수를 하지요.

이후 과학자들은 지구의 표면을 이루는 암석권이 10개의 커다란 조각과 그 사이사이를 잇는 작은 조각들로 이루어진 결합 구조라는 사실을 알아냅니다. 지구의 표면은 당구공처럼 원래부터 하나가 아니라, 축구공처럼 작은 조각들을 이어 붙여 만든 형태인 거지요. 사람들은 지구 표면을 이루는 조각을 '판(plate)'이라고 명명하고, 지구의 표면이 크고 작은 판들로 이루어져 있다는 '판구조론(Plate tectonics)'을 받아들입니다. 각각의 판은 두께가 일정하지 않으며 하나의 판에서도 더 두꺼운 곳도 있고 더 얇은 곳도 있습니다. 두꺼워서 바다 위로 불쑥 솟아난 부분이 우리가 살고 있는 대륙이고요. 그러니까 서로 다른 대륙이라고 해서 반드시 다른 판에 위치한다고 볼 수도 없고, 하나의 대륙이라고 꼭 하나의 판으로만 구성될 이유도 없습니다. 이리저리 밀리다 보면 서로 다른 판끼리 부딪히거나 압력을 받아 그 부분이 솟아오를 수도 있고, 판이 멀어지면서 그 부위가 낮아질 수도 있으니까요.

더군다나 이 판들이 반드시 균일한 속도로 움직이는 것도 아닙니다. 좀 더 빠르게 움직이는 곳도 있고, 상대적으로 느리게 움직이는 곳도 있습니다. 느린 편에 속하는 중앙대서양판은 10~40mm/year의 속도(1년에 10~40mm 정도 움직인다는 뜻)로 움직이지만, 좀 더 빠른 나스카판은 160mm/year의 속도로 움직이고 있습니다. 1년에 겨우 몇십 mm 정도 움직이니 100년이 채 안 되는 인간의 삶에서 이 판들이 움직이고 있다고 체감하기는 어렵습니다. 하지만 지구의 나이인 46억 년은 매우 긴 시간입니다. 이는 판들을 움직여서 초대륙을 형성하고 쪼개지기를 무려 10회나 반복하기에 충분한 시간이었습니다. 베게너가 예상했던 판게아는 유일한 초대륙이 아니라 약 3억 년 전에 존재한 마지막 초대륙이었고, 이전에도 초대륙을 이루다가 쪼

• 판구조론에 따르면 지구의 표면은 위와 같이 크고 작은 판들로 이루어져 있다.

개지는 과정이 10번은 반복되었지요. 이 추론을 토대로 과학자들은 앞으로 2억 5,000만 년 뒤에는 지금은 나뉘어 있는 대륙들이 다시 하나로 뭉쳐 또 다른 초대륙인 '판게아 울티마(Pangeae Ultima)'를 형성할 것이라 추정합니다. 판게아 울티마에서는 지금은 가운데 수에즈 운하를 두고 간신히 붙어 있는 아프리카와 유럽이 충돌해 완전히 하나로 합쳐질 것이며, 호주는 위로 올라와 남동아시아와 결합되고, 아메리카대륙이 유럽과 충돌해 대서양이 사라질 것으로 예측합니다. 그때까지 인류의 후손이 지구에 존재한다면, 적어도 땅만큼은 하나인 진정한 '지구 마을'에서 살게 되겠지요.

흔들리는 지구에서 자리 잡고 살아가기

2016년 봄, 전 세계가 흔들렸습니다. 일본의 구마모토현에서 최대 규모 7.3의 강진이 발생했고, 비슷한 시기 남미의 에콰도르에서도 규모 7.8의 대지진이 일어났습니다. 일본과 에콰도르는 지도에서만 보면 멀리 떨어진 곳이지만, 지질학적으로 보면 지각변동이 심한 '불의 고리' 지대에 속합니다. 따라서 이들 지역에서 일어나는 지진은 하나의 원인에 따른 연쇄 작용으로 여겨집니다. 그런데 도대체 지진이 무엇이고, 어떤 원인이기에 지구 반대편에 위치한 동아시아의 일본과 남미의 에콰도르가 하나로 묶이는 걸까요?

이것을 이해하려면 먼저 지진이 무엇인지 알아야겠지요. 지진이란 여러 이유로 말미암아 지구의 표면이 흔들리는 현상을 통틀어 일컫는 말입니다. 드물지만 사람이 지진을 일으키기도 합니다. 지나친 유전 개발이나 지하수 사용으로 한꺼번에 대규모의 석유와 지하수를 빼내다 생긴 땅속 커다란 빈 공간이 무너지면서 지진이 발생하거나, 핵폭탄 실험처럼 엄청난 위력의 폭파가 불러온 충격으로 지진이 일어났다는 기록도 있습니다. 실제로 2017년 포항 지역에서 일어난 지진의 경우도, 지역 발전을 위해 지층 내부에 고압으로 주입한 다량의 물이 단층대를 활성화시켜 지진이 발생한 것으로 2019년 3월 20일에 정부 조사단이 공식 조사 결과를 내놓았습니다. 그래서 지진 피해자들은 정부를 상대로 손해배상 소송을 진행 중입니다.

하지만 대부분의 지진은 여전히 자연적인 현상으로 일어납니다. 자연적인 현상은 지각판의 움직임 때문에 생깁니다. 지구 표면은 여러 조각을 이어 만든 축구공처럼 아프리카판, 남극판, 오스트레일리아판, 유라시아판, 북아메리카판, 남아메리카판, 태평양판, 코코스판, 나스카판, 인도판 등 커다란 판 10개와 이 사이를 잇는 작은 판들로 구성되어 있는데요. 축구공을 이루는 가죽 조각들은 실로 단단히 꿰매어져 있어 움직이지 않지만, 지구의 지각판은 이를 떠받치는 연약권을 따라 함께 움직입니다. 각각의 판은 가장자리가 다른 판들과 맞물려 있어서 지각판이 움직이면 그 방향에 따라 다른 판들과 부딪치거나 원래 맞물려 있던 판에서 찢기게 되지요.

초코파이를 보면 쉽게 이해가 됩니다. 초코파이는 말랑말랑한 마시멜로 위에 초콜릿 과자가 덮여 있지요. 초코파이를 잡아당기면 마시멜로는 늘어나지만 초콜릿 과자는 부서집니다. 반대로 초코파이를 양쪽에서 누르면 마시멜로는 부피가 약간 줄어들 뿐이지만, 초콜릿 과자는 또다시 깨지면서 겹쳐집니다. 지각도 마찬가지입니다. 마시멜로와 비슷한 유연한 연약판은 그저 이동할 뿐이지만, 그 겉을 둘러싸는 과자 같은 지각판은 유연하지 못해 깨지거나 찢어질 수밖에 없습니다. 특히 지각판의 경계면 부분은 다른 판들과 부딪히거나 겹쳐져서 부서지는 정도가 더 커집니다. 이때 판과 판이 부딪히면서 일어나는 지각변동을 '지진'이라고 합니다. 전 세계 지진의 90%는 판과 판의 경계에서 발생합니다.

동시에 지진이 발생한 일본과 에콰도르는 일반적인 세계 지도에서는 연관성을 찾기 힘들지만, 지각판 지형도로 보면 같은 환태평양 조산대에 속합니다. 환태평양 조산대(Circum-Pacific belt)란 태평양을 둘러싼 고리(環) 모양의 지역을 가리킵니다. 중앙의 큰 태평양판을 중심으로 코코스판, 북미판, 유라시아판, 필리핀판, 오스트레일리아판 등 여러 판들이 한꺼번에 겹쳐진 곳이라 지각 변동이 유난히 심합니다. '불의 고리(Ring of Fire)'라는 별명을 가지고 있을 정도니까요. 불의 고리 지역 외 다른 지각판들도 서로 부딪치고 찢어지는 것은 마찬가지입니다. 그러나 다른 커다란 지각판들의 경계면은 대부분 바다 속에 형성되어 있어 이들의 지각변동은 우리에게 크게 다가오지 않지요. 반면에 불의 고리 근처에는 여러 나라가 존재하니 같은 강도의 지진이 일어나더라도 인류에게 주는 피해가 더 크게 다가옵니다.

어떤 사람은 최근에 대규모 지각 변동이 자주 일어나는 이유가 인간이 겁도 없이 자연을 무분별하게 파헤쳤기 때문이라는 종말론적인 해석을 내세우기도 합니다. 일부는 그럴 수도 있습니다. 하지만 대규모의 지진은 인간과는 상관없는 경우가 대부분입니다. 그저 지각판이 물리적인 법칙에 따라 움직이고 이동하고 부딪칠 뿐이죠. 그러니 우리가 아무리 속죄하고 뉘우친다 한들, 지진이 덜 일어나거나 화산이 잠잠해지는 일은 없습니다. 애초에 이들의 움직임은 인간의

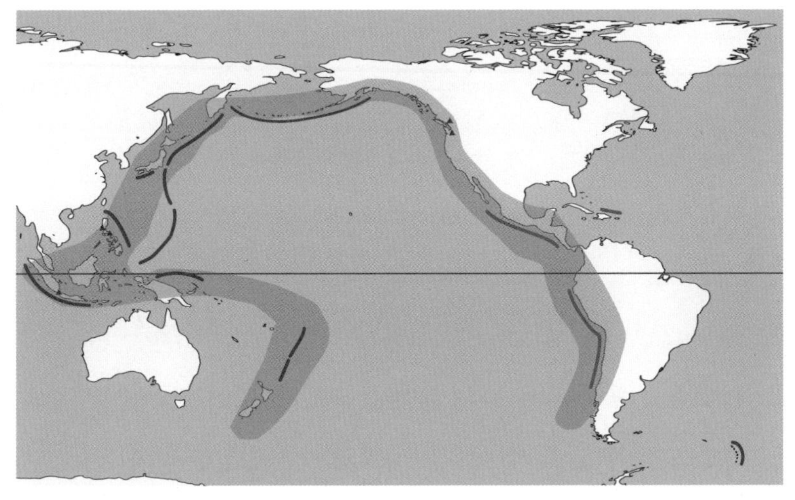

• 환태평양 조산대(붉은색 표시)를 중심으로 지진이 자주 일어나고 있다.

의지와는 전혀 상관이 없으니까요. 인간의 염원으로 지진이 일어나는 것 자체를 막을 수는 없습니다만, 지진에 따른 인명 피해는 확실히 줄일 수 있습니다. 언젠가 죽음을 맞을 수밖에 없는 존재임을 자각한 이후에도 우리는 질병을 치료하려는 노력을 멈추지는 않았습니다. 죽음 자체는 막을 수 없더라도 마지막 순간을 지연시켜 살아가는 시간을 좀 더 의미 있게 만들기 위해서 말이죠. 그리하여 21세기를 살아가는 여러분은 12세기를 살던 사람 대부분보다 더 길고 더 건강한 삶을 누릴 수 있지요. 이처럼 우리에게 필요한 것은 혹독한 자기반성보다 효율적인 지진 대비책입니다.

운동선수가 본격적인 경기에 들어가기 전에 가볍게 몸을 풀듯, 큰 지진이 발생하기 전 작은 지진이 먼저 일어나는 경우가 많습니다. 그래서 작은 지진을 감지하면 다음에 올 강진과 해일을 예측할 수 있지요. 많은 나라에서는 수중 800~1,000m 지점에 해저 지진 감지 장치를 설치해 감시 체제를 가동하고 있습니다. 내진 설계를 한 건물을 짓고, 전국에 경보 시스템과 대피소를 만들어 유사시 시민들을 안전하게 보호하고, 모의 훈련을 실시하는 것만으로도 피해가 커지는 걸 막을 수 있습니다. 2016년 구마모토 지진과 2010년 아이티 지진은 규모가 7.0 정도로 비슷했습니다. 그러나 구마모토에서 사망자 48명과 부상자 1,000여 명이 발생한 반면, 아이티에서는 사망자만 최대 22만 명, 부상자는 30만 명에 달하는 엄청난 피해가 발생했습니다. 비록 천재(天災)는 인간의 힘으로 막을 수 없더라도, 인재(人

災)로 인한 더 큰 피해는 철저한 대비로 막을 수 있다는 사실을 보여주는 가슴 아픈 차이입니다.

우리나라는 오래전부터 지진 안전지대로 여겨졌습니다. 일본은 불의 고리에 가까이 위치해 심각한 지진 피해를 여러 번 겪었지요. 이에 반해 우리나라는 상대적으로 지각판 안쪽에 위치해 가뭄이나 홍수 피해는 자주 겪었어도 지진이나 화산 폭발 피해는 거의 없었습니다. 그러나 2016년 경주에서 기상청 관측 사상 가장 큰 규모인 5.8의 지진이 발생했고, 잇따라 2017년 포항에서 규모 5.4의 지진이 발생하면서 우리나라도 지진의 안전권에서 서서히 벗어나는 것이 아니냐는 우려가 커지기도 했습니다. 이 과정에서 우리나라의 내진 설계나 위기 대응 시스템의 부족함이 드러나 많은 경각심을 불러왔습니다.

앞서 말했지만, 자연적으로 일어나는 지진을 막을 수는 없습니다. 하지만 지진이 가져오는 인명 피해는 얼마든지 대응할 수 있습니다. 우리나라에서 지진이 일어나지 않도록 막기는 어렵겠지만, 설사 지진이 일어난다 하더라도 억울하게 희생되는 사람들은 얼마든지 구할 수 있다는 말입니다. 우리가 주목해야 할 점은 바로 후자입니다. 우리가 직접 파악할 수도 없는 규모의 판구조론과 대륙이동설을 굳이 배우고 알아야 하는 이유가 바로 여기에 있습니다.

08

지구 3종 세트 - 지각 · 해양 · 대기

잃어버린 세계를 향한 헛된 꿈

저는 바다를 좋아합니다. 어린 시절의 한때를 바닷가에서 보내기도 했지만 그냥 철썩이는 푸른 바다를 보는 것을 좋아합니다. 바다는, 특히 그 끝자락과 마주한 바닷가에 선 인간에게 바다는 동경과 좌절과 희망의 상징으로 다가오곤 합니다. 눈앞에 닿는 모든 곳이 물로만 가득한 망망대해, 그 너머 분명히 무언가가 있다는 걸 압니다. 하지만 아무리 발돋움을 하고 눈을 가늘게 떠봐도 보이지 않는 거대한 수평선은 우리에게 유혹이자 절망이자 도전으로 다가올 뿐입니다. 미지의 대상은 상상력을 불러일으킵니다. 그래서 커다란 바다로 둘러싸여 쉽게 접근할 수 없고 드나들기 힘든 섬이라는 존재는 늘 비밀스러운 분위기를 풍깁니다. 멸종한 줄 알았던 생명체가 여전히 번식하고 있는 별천지(영화 〈쥬라기 월드〉의 이슬라 누블라섬)거나, 현대 사회의 병폐에서 벗어난 '고상한 야만인'들의 파라다이스(영화 〈블루 라군〉의 무인도), 사회 질서로부터 벗어나 활개 치는 악독한 인간들의 집합소(영화 〈김복남 살인사건의 전말〉의 무도), 또는 신이 보호하는 고귀한 종족들이 사는 이상향(영화 〈원더 우먼〉의 데미스키라섬)처럼 말이지요.

이렇게 사람들에게 호기심을 불러일으킨 미지의 영역 중에는 지구 내부도 있습니다. '네모 선장'이 등장하는 과학소설 『해저 2만 리』로 잘 알려진 프랑스의 작가 쥘 베른(Jules Verne, 1828~1905)은 깊은 바닷속뿐 아니라 깊은 땅속을 여행하는 작품도 선보였습니다. 『지구 속 여행』의 주인공들은 우연히 발견한 암호문을 따라 아이슬란드에 있는 스네펠스화산의 분화구로 내려갔다가 지상과는 다른 새로운 세상을 만납니다. 분명 깊은 땅속인데도 환하게 빛이 비치는 그곳은 이국적인 식물이 자라고 멸종했다고 알려진 공룡과 원시 인류가 공존하는 세상이었지요. 기괴하지만 환상적인 세상을 탐험하던 주인공들은 막다른 길목에 부딪혀 위기에 몰리지만, 마지막 순간 엄청난 폭발에 다시 땅 위로 튕겨져 나오며 간신히 살아납니다. 그리고 튕겨 나온 곳이 처음 들어간 북유럽의 아이슬란드가 아니라 남유럽의 이탈리아라는 사실을 깨달으며 소설은 끝이 납니다.

베른의 과학소설 『지구 속 여행』은 150년이 지나서도 여전히 읽

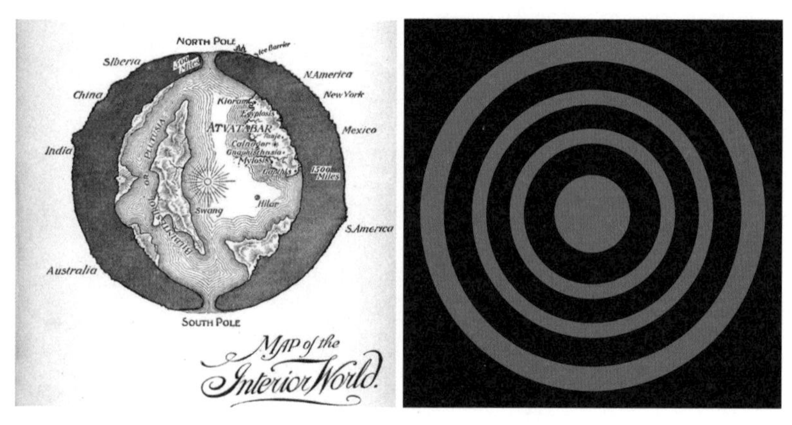

• 지구공동설에 따라 상상한 지구의 모습(왼쪽)과 핼리가 상상한 지구 내부 구조(오른쪽).

히고, 2008년에는 〈잃어버린 세계를 찾아서〉라는 제목의 영화로도 개봉되었습니다. 베른이 들려주는 이야기는 대부분 환상적이고 역동적이지만, 이 소설의 매력은 '지구공동설(Hollow Earth Hypothesis)'이 그려낸 미지의 세계가 가진 신비감에서 비롯됩니다. 지구공동설이란 지구 내부는 텅 비어 있고, 남극과 북극에는 극점을 잇는 비밀 통로가 존재하며, 이 통로를 통해 지구 내부로 들어갈 수 있다고 주장하는 가설입니다.

땅 밑에 다른 세계가 있다는 상상은 매우 오래전부터 이어져 내려왔습니다. 착한 사람이 죽으면 가게 될 천국(天國)이나 선계(仙界)가 하늘 위 어딘가에 있을 거라 상상했듯, 악인과 죄인이 죽어서 죗값을 치르러 가는 지옥(地獄)이 땅속 깊은 곳에 있다는 생각은 그럴듯해 보입니다. 이렇게 지하 세계는 언제나 망자들에게 주어진 음습하고 은폐된 공간으로 인식되었지요.

과학자들도 예외는 아닙니다. 핼리 혜성의 발견자로 유명한 에드먼드 핼리(Edmund Halley, 1656~1742)도 지구 내부가 꽉 들어찬 것이 아니라, 지구보다 훨씬 작은 중심부가 있고 이를 몇 개의 껍데기들이 둘러싸고 있으며 각 껍데기 사이는 비어 있다고 생각했습니다. 물론 핼리가 오컬트나 미신에 사로잡혀 이런 생각을 한 것은 아닙니다. 뉴턴이 『자연철학의 수학적 원리(프린키피아)』에서 제시한 지구와 달의 질량 계산을 해석하면서 이 둘의 질량비가 어색하다고 생각한 핼리는, 지구의 내부에 텅 빈 공간이 있는 게 아닌지 추론합니다. 과연 진실은 무엇일까요?

생각할 필요도 없이 당연히 핼리의 추론은 틀렸지요. 물론 지구 내부를 직접 들여다본 사람은 없습니다. 지구의 반지름은 약 6,400km에 달하지만, 인간이 파내려 갈 수 있는 수준은 기껏해야 13km 정도*여서 깊숙한 땅속 세상에 뭐가 있는지 두 눈으로 직접 보지는 못했지요. 누군가는 실제로 본 적이 없는데 비었는지 아닌지 어찌 아느냐고 반문하기도 합니다. 하지만 꼭 눈으로 봐야만 모두 알 수 있는 건 아닙니다. 지금도 의사들은

* 사람이 지각 아래로 파 내려간 기록 중 최고는 2011년 러시아 사할린의 유전에서 미국 최대 석유회사인 엑슨모빌의 시추공이 파고 들어간 1만 2,345m입니다. 지하로 파고들수록 온도가 높아집니다. 지각의 특성에 따라 다르지만 일반적으로 1km당 8~15℃ 정도가 올라갑니다. 즉, 13km 파 내려가면 100~200℃ 정도로 온도가 높아져 작업이 어려워집니다.

환자의 몸을 열지 않고도 X선으로 골격과 치아의 이상 유무를 확인하고, 초음파와 MRI를 통해 내장 기관과 그 밖의 연부 조직까지 손바닥 보듯 훤히 들여다보니까요. 같은 방식으로 지각 내부를 통과하는 파동이 우리에게 지구 내부의 모습을 보여줄 수 있습니다. 지구의 내부를 보여주는 '투시광선'이 바로 지진파입니다.

지각 변동으로 일어나는 지진은 사람들에게 큰 비극을 가져오지만, 이때 발생하는 지진파는 지구 내부를 들여다볼 수 있도록 좋은 '투시광선'이 되어주기도 합니다. 지진이 일어나면 발생 지점, 즉 진원지를 중심으로 주변에 파동이 전달됩니다. 파동은 전달 특성에 따라 표면파(Surface wave)와 실체파(Body wave)로 나뉩니다. 이름처럼 표면파는 지표면을 따라 전달되는 파동이고, 실체파는 몸(body)이라는 말뜻처럼 지구의 '몸' 속을 통과해 퍼져나가는 파동입니다. 수면에 돌을 던지면 그 위로 물결이 퍼져나가는 동시에 돌이 가라앉는 물길이 형성될 테지요. 이때 수면을 출렁이는 물결이 표면파라면 물속으로 난 물길이 실체파입니다.

우리는 땅 위에 삽니다. 따라서 지진이 났을 때 우리에게 가장 큰 피해를 입히는 것은 표면파입니다. 표면파들은 지표면을 따라 옆으로 이동합니다. 표면파의 일종인 레일리파는 지표면을 상하좌우로 복잡하게 요동치게 하는데다가 진폭도 커서 많은 피해를 일으킵니다. 다만 표면파들은 지표 내부로 들어갈수록 지수함수적으로 급속히 약해지기 때문에 지표 깊숙이 들어가지는 못합니다.

내부를 알려면 일단 지구의 몸체 안으로 들어가야 해서 실체파인 P파와 S파가 필요합니다. P파는 Primary wave, 즉 1차 파동이라는 뜻으로 전파 속도가 약 5~8km/h로 가장 빠르기 때문에 지진파 중 먼저 관측되어 이런 이름이 붙었습니다. 그럼 S파는 무엇을 줄인 이름인지 짐작이 갑니다. S파는 Secondary wave의 준말로, 말 그대로 두 번째 파동이란 뜻일 테고, 두 번째로 도착하니 속도는 당연히 P파보다 느려야 합니다. 실제로 S파의 속도는 3~4km/h입니다.

P파와 S파를 비교하면, 속도가 빠른 P파가 더 빨리 전달되지만, 인간에게 피해를 주는 정도는 S파가 더 큽니다. P파는 종파인데다가 진폭도 S파보다 작지만, S파는 횡파이고 진폭도 P파에 비해 크기 때문입니다. 종파는 매질의 운동 방향이 파동의 진행 방향과 같은 파동이고, 횡파는 파동의 진행 방향과 매질의 운동 방향이 90도인 파동을 말합니다. 즉 종파가 전체적으로 앞쪽으로 나아가고 개별 파동도 같은 방향으로 진동한다면, 횡파는 개별 파동이 진동하는 방향과 나아가는 방향이 수직입니다. 볼링 핀을 방 안 가득 세워두고 볼링공을 굴린다고 칩시다. 볼링공이 '앞뒤'로 왔다갔다하면서 굴러가는 것과 '좌우'로 왔다갔다하면서 굴러가는 것 중에, 어떨 때에 핀이 더 많이 쓰러질지를 상상하면 쉽게 이해됩니다.

이쯤 해서 P파와 S파의 소개를 마치고, 지진파가 어떻게 지구 내부를 보여주는지 다시 살펴보도록 합시다. 파동은 매질을 따라 이동하는데, 매질의 속성마다 파동이 전달되는 속도도 달라집니다. 물속을 지날 때와 공기를 지날 때는 매질의 성질이 달라서 경계를 중심으로 속도가 달라지기 마련이지요. P파와 S파는 둘 다 파동이라서 밀도가 다른 매질을 지날 때 굴절이 일어납니다. 물이 든 수조에 레이저 포인터를 비추면, 빛이 물과 공기의 경계면을 지날 때 꺾이는 현상을 관찰할 수 있습니다. 이는 두 매질의 밀도가 다르기 때문에 나타나는 현상입니다. 마찬가지로 P파와 S파도 파동이라 매질의 밀도가 달라지면 굴절되어 파동이 꺾이는 현상이 나타납니다. 또한 P파는 매질이 고체든 액체든 상관없이 통과하지만, S파는 고체만 통과한다는 차이도 있습니다. 그런데 지구 내부를 통과한 P파와 S파의 파형을 살펴보니 아래 그림처럼 나옵니다. 그럼 이 그림을 해석해볼까요?

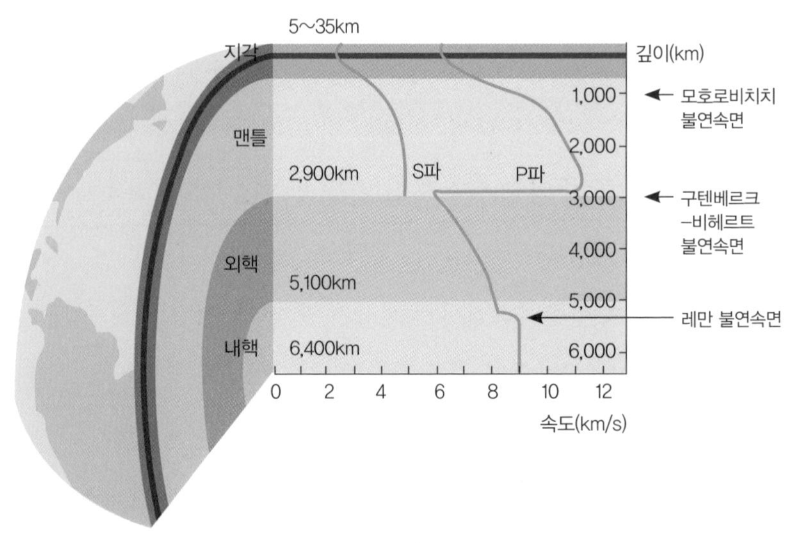

• 지구 내부에서 지진파의 움직임.

그림에서 P파는 지표로부터 약 5~35km 지점, 약 2,900km, 약 5,100km 지점에서 굴절이 일어납니다. S파도 지표에서 5~35km 지점에서 굴절하는 것은 동일하나 2,900km보다 더 깊은 지점은 통과하지 못한다는 것을 볼 수 있습니다. 이 그림만으로는 지구 내부를 구성하는 물질이 정확히 무엇인지 알 수 없습니다. 그래도 지구 내부가 각각 5~35km, 2,900km, 5,100km를 경계로 밀도가 바뀌는 층 4개로 나뉜다는 것이 보입니다. 지표에서 첫 번째 층과 두 번째 층은 고체지만, 2,900km 안쪽에 존재하는 세 번째 층은 액체이고, 5,100km에서 다시 한 번 밀도가 바뀌니 이 네 번째 층은 고체일 가능성이 높습니다. 밀도가 다른 액체라고 추정할 수도 있지만, 일단 P파는 액체보다 고체를 지날 때 속도가 더 빨라집니다(2,900km의 경계면을 지날 때 P파의 속도가 상당히 떨어집니다). 그 P파가 이 경계면을 중심으로 더 빨라지는데다가 지구 내부의 엄청난 압력(약 360만 기압)을 고려한다면 고체라는 추정이 더 합당하지요.

이와 같은 관측 결과를 바탕으로 과학자들은 지구가 가장 안쪽의 고체 상태인 내핵과 이를 둘러싼 액체 상태인 외핵, 그리고 밀도가 다른 고체 상태인 맨틀과 지각이라는 4개의 층으로 나뉘어 있다고 추정합니다. 추가적인 연구에 따르면, 두 번째 층인 맨틀층의 최외각 부위는 식어서 굳어 지각층과 결합해 암석권을 이룹니다. 또 이 부위 바로 아래의 상부 맨틀은 유동성을 가진 연약권을 이루어 암석권의 지각판들을 움직입니다. 상부 맨틀은 이렇게 대륙들을 이동시키고 온갖 지각변동 현상을 일으키지만, 그 아래쪽의 하부 맨틀은 좀 더 단단하고 유동성이 적다는 사실까지 알아냈습니다. 지구 곳곳에서 측정한 결과를 종합해보면 지구 내부는 맨틀과 외핵과 내핵으로 가득 차 있을 뿐, 지구 어느 곳에서 지진파를 관측해도 지구 내부에 빈 공간이 없다는 것이 분명합니다. 만약 어딘가에 빈 공간이 있다면 그 부위를 지나가는 지진파의 변화가 반드시 일어났을 테니까요. 오랜 세월 동안 극점을 통과하는 인공위성으로 수없이 내려다보고 탐사대원들이 직접 탐험했지만, 북극과 남극 어디에서도 지구 내부로 통하는 구멍 같은 건 발견하지 못했습니다.

지구 내부가 비어 있을지도 모른다는 지구공동설은 이제 아무도 믿지 않는 이야기가 되었습니다. 여기서 우리가 중요하게 생각할 점은 지구가 비어 있느냐 아니냐의 결과가 아닙니다. 어떤 사실을 알아낼 때 무슨 이유로 그런 추론을 했는지, 그 추론을 뒷받침하는 실제 증거가 무엇인지 제시하는 과정이 중요한 것이죠. 핼리가 (비록 틀렸지만) 의문과 가설을 도출하는 과정은 나름 합리적입니다. 다만 실질적 근거로 뒷받침하지 못해 폐기된 거고요. 지구가 4개의 층상 구조로 이루어진 꽉 들어찬 구라는 사실은 실질적 증거로 뒷받침되었기 때문에 정설로 받아들여지고 있습니다. 상상은 자유지만, 과학적 추론은 실질적 증거에 깊이 뿌리를 내리고 있답니다.

해저 2만 리 속 미지의 바다

앞서 말한 『지구 속 여행』의 작가 쥘 베른은 수없이 많은 SF소설과 모험소설을 쓴 것으로 유명한데요. 그가 남긴 많은 작품 가운데 가장 유명한 작품을 물으면 다들 주저 없이 『해저 2만 리』를 꼽습니다. 쥘 베른의 이름은 몰라도 잠수함 '노틸러스호'나 '네모 선장'의 이름을 모르는 사람은 많지 않을 겁니다. 소설에서 네모 선장은 인도인으로 나오는데, 당시 기술로는 불가능하게 여겨지는 잠수함을 타고 전 세계 바다를 누빕니다. 바다는 땅속과는 달리 쉽게 들여다보이죠. 하지만 인류는 공기로 폐호흡을 하기 때문에 바닷속은 오래전부터 '보이되 갈 수 없는 곳'이었습니다. 그 안타까움으로 사람들이 소설에 더욱 매료된 게 아닐까요?

우주에서 바라본 지구는 무늬가 있는 푸른 행성입니다. 표면의 70%가 액체 상태의 물로 덮인 행성이니까요. 하지만 처음부터 지구에 바다가 있었던 것은 아닙니다. 46억 년 전, 탄생 초기의 지구는 매우 뜨거워서 대부분의 물은 수증기 상태로 지구를 둘러싸고 있었지

• 달에서 바라본 지구의 모습.

요. 바다가 생겨난 것은 약 40억 년 전으로, 지구가 식고 수증기가 물이 되어 지구 표면에 떨어져 쌓인 뒤였습니다. 지구 생성 초기에 많이 떨어졌던 얼음투성이 혜성들이 바다에 물을 더했다고 주장하는 과학자들도 있고요. 이 바다에서 최초의 생명이 시작되고 진화되었습니다. 그래서 지구상에 존재하는 모든 생명체는 체내에 물을 듬뿍 담고 있습니다. 우리에게 물은 생명의 근원이자 지구의 상징처럼 여겨집니다.

하지만 물은 실제로 우주에서 매우 흔해 대부분의 천체들이 물을 가지고 있습니다. 물의 분자구조는 H_2O로 우주에서 흔한 원소인 수소 2개와 산소 1개가 결합한 비교적 단순한 구조이죠. 희귀한 것보다는 흔한 것이, 복잡한 것보다는 단순한 것이 더 많이 존재하는 게 우주의 이치입니다. 진짜 희귀한 것은 물 자체가 아니라 액체 상태의 물입니다. 대부분의 천체는 너무 뜨겁거나 차가워서 물이 수증기 상태로 모두 흩어지거나 얼음 상태로 꽉꽉 달라붙어 있습니다. 그래서 생명 현상이 일어나기 어렵지요. 여기서 만들어진 단어가 '골디락스 존(goldilocks zone)'입니다. 이 책 1권에서도 설명했듯이, 골디락스 존이란 '생명체의 거주 가능 지역(Habitable Zone, HZ)'의 은유적인 표현으로, 액체 상태의 물이 존재할 가능성이 있는 행성을 말합니다. 물은 너무 뜨겁지도 너무 차갑지도 않아야 액체 상태로 존재할 수 있는데, 이게 생명을 탄생시키는 데 매우 중요한 전제 조건이 된다는 말이지요.

자, 그럼 다시 생명의 고향 바다로 돌아가볼까요? 바닷물의 가장 큰 특징은 염분이 녹아 있는 짠물이라는 것입니다. 바닷물의 평균 염류 농도는 3.5%*입니다. 여기서 염화나트륨($NaCl$)이 가장 많고, 염화마그네슘($MgCl_2$), 황산마그네슘($MgSO_4$), 황산칼슘($CaSO_4$), 황산칼륨(K_2SO_4), 탄산칼슘($CaCO_3$), 브롬화마그네슘($MgBr_2$) 등이 섞여 있습니다. 이때 바닷물에 녹아 있는 염분의 양은 지역에 따라 차이가 날 수는 있지만, 염분을 이루는 각 성분의 구성 비율은 변하지 않습니다. 즉, 좀 더 짜거나 좀 덜 짠 바닷물도 있겠지만, 염화나트륨보다 염화마그네슘이 많은 바닷물은 없다

* 바닷물의 염류 농도를 표기할 때 퍼센트(%) 대신 퍼밀(‰)을 쓰기도 합니다. 퍼밀은 퍼센트의 1/10로 1%는 10‰입니다. 따라서 염류 농도가 3.5%이라면, 35‰과 같은 의미입니다.

염류	화학식	염도
염화나트륨	$NaCl$	27.21
염화마그네슘	$MgCl_2$	3.81
황산마그네슘	$MgSO_4$	1.66
황산칼슘	$CaSO_4$	1.26
황산칼륨	K_2SO_4	0.86
탄산칼슘	$CaCO_3$	0.12
브롬화마그네슘	$MgBr_2$	0.08
합계		35.00

• 염분비 일정의 법칙. 이 법칙에 따라 한 염류의 양만 측정해도 다른 염류들의 양을 계산할 수 있다.

는 말입니다. 이를 '염분비 일정의 법칙'이라고 합니다. 이처럼 전 세계 어디든 바닷물의 염류는 일정하기 때문에 바닷물에서 염화나트륨 양만 알아도 나머지 성분들의 양은 측정하지 않아도 알 수 있습니다. 그렇다면 이 커다란 바다 구석구석 골고루 섞여 있는 염류는 도대체 어디서 온 것일까요? 바닷속 깊은 곳 어딘가에 소금을 만드는 전설 속의 커다란 맷돌이 아직 돌아가기 때문일까요?

바다가 짠 이유는 바닷물이 거대한 암석 위에 고여 있기 때문입니다. 나무로 만든 컵에 물을 담아두면, 나무의 진이 스며들어 나무 향이 물에 배어듭니다. 마찬가지로 바다는 지각 위에 놓여 있어서 해저의 암석에 포함된 원소들이 물로 끊임없이 녹아들고 있습니다. 게다가 해저 여기저기에 있는 화산이 폭발하면서 지구 내부 깊숙이 존재하던 물질들이 뿜어져 나와 바닷물에 섞입니다. 그러니 지구 내부의 연약권이 움직임을 멈추지 않는 한, 암석권 위에 고여 있는 바닷물은 계속 짠 상태를 유지할 겁니다.

앞서 땅속 깊숙이 들어갔으니 이번에는 바닷속으로 들어가볼까요? 그나마 다행이라면 바다는 지각보다는 훨씬 얕아 바닥까지 내려가는 일이 불가능하지는 않다는 겁니다. 바다는 깊이에 따라 육지 근처 얕은 바다인 천해(淺海)와 깊은 바다인 심해(深海)로 나뉘며, 대략 수심 200m가 기준이 됩니다. 수심 200m를 경계로 해저의 지형뿐 아니라 바닷물의 특성도 바뀌기 때문입니다.

먼저 해저 지형의 변화를 볼까요? 육지에서 바다로 연결되는 땅

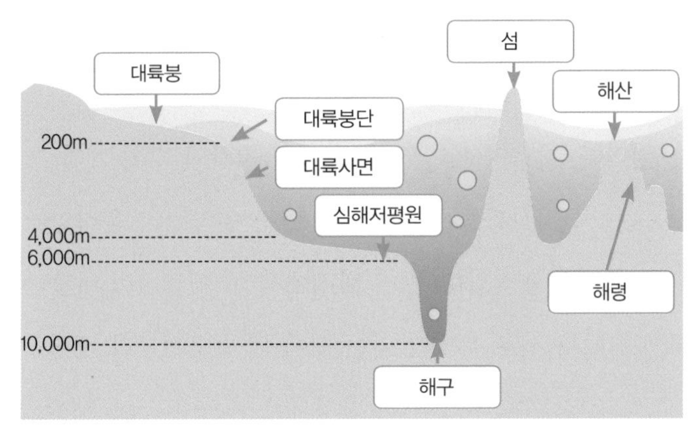

• 바다의 수심에 따라 대륙붕, 대륙사면, 심해저평원, 해구, 해령 등 다양한 해저 지형이 나타난다.

은 대개 수심 200m까지 완만하게 이어지다가 갑자기 경사가 급격해집니다. 수심 200m까지 천해 지역의 해저를 '대륙붕'이라고 부릅니다. 대륙붕이 끝나는 지점부터 수심 1,500~3,500m까지는 급격한 내리막 형태의 '대륙사면'이 나타나고, 그보다 더 깊은 수심 4,000~6,000m에는 '심해저평원'이라는 비교적 평탄한 바닥이 드러납니다. 이곳이 모두 평탄하지는 않습니다. 좀 더 깊은 곳도 있고, 해저 지각이 솟아오른 부분도 있습니다. 해저 지각판의 가장자리가 지구 내부로 끌려 들어가면서 아래로 깊게 당겨진 곳을 '해구'라 부릅니다. 해저 지면에서 1,000m 이상 불쑥 튀어나온 곳은 '해산', 산맥처럼 길게 솟아오른 지형은 '해령'이라고 합니다. 해저에서 불쑥 튀어나온 해산의 꼭대기가 수면 밖으로 솟아오른 곳을 우리는 '섬'이라 부르지요.

해저 지형이 평평하지 않고 들쑥날쑥한 까닭은 앞서 말한 판구조론 때문입니다. 지구의 표면은 크고 작은 지각판 수십 개가 모여 이루어졌는데, 이 지각판들은 떠받치고 있는 연약권의 움직임에 따라 느리지만 꾸준히 움직입니다. 이 과정에서 두 지각판이 마주하는 방향으로 움직이다 서로 부딪혀 미는 힘에 의해 솟아올라 해령을 이루게 되고, 두 지각판이 서로 반대 방향으로 움직이면 그 경계면이 갈라져 깊숙이 패입니다. 참고로 지각에서 지구 내부로 가장 깊숙이 들어간 곳은 태평양 마리아나해구 지역으로, 여기에 위치한 비티아즈해연(Vityaz[기사Knight라는 뜻] Deep)은 깊이가 무려 1만 1,034m나 됩니다. 어떻게 아느냐고요? 물론 초음파를 이용해 수중의 깊이를 재는 방법도 있지만, 비티아즈해연은 1957년 소련의 잠수함 비티아즈호가 바닥까지 내려갔다 왔기 때문에 확실히 알지요. 이를 기념하려고 잠수함의 이름을 해연에 붙였답니다.

이번에는 바닷물 자체의 변화를 봅시다. 바닷물도 수심 200m를 경계로 특성이 바뀝니다. 탁한 정도에 따라 조금씩 차이가 있지만, 기본적으로 수심 200m는 태양빛이 1% 이상 들어갈 수 있는 최대 깊이입니다. 여기까지를 빛이 존재할 수 있는 곳이라 하여 유광층(有光層)이라고 부릅니다. 태양빛이 일정 수준 이상으로 들어간다는 건 태양에너지를 이용한 광합성이 가능하다는 뜻입니다. 그래서 유광층에서는 광합성이 가능한 식물성플랑크톤이 대량으로 서식할 수 있습니다. 이 식물성플랑크톤은 해양생태계의 근본이 되는 존재입니다. 녹색식물이 땅의 모든 구성원을 먹여 살린다면, 바다에서는 식물성플랑크톤이 그 역할을 합니다. 식물성플랑크톤은 바다에 서식하는 수많은 동물성플랑크톤과 그 밖의 동물이 먹고 사는 식량 자원인 동시에, 수많은 바다 생물이 필요로 하는 수중 산소를 공급합니다.

하지만 수심 200m가 넘어가면 태양빛이 거의 들어가지 못하기 때문에 광합성이 일어나기 어렵습니다. 그나마 수심 1,000m까지는 박광층이라 하여 1% 이하의 아주 미약한 빛이라도 들어갑니다. 그 이하는 심해층으로 빛이 전혀 들지 않는, 그야말로 암흑 세상입니다. 심해층은 빛이 없어 매우 차갑고(평균 수온 0~4℃), 기압의 100~1,000배에 이르는 수압이 내리누르는 곳입니다. 지구라기보다는 오히려 우주에 가까운 척박한 환경이지만, 이런 곳에서도 여전히 생명체는 존재합니다. 다만 빛이 없고 수압이 높고 생물체의 밀도가 낮은 서식 환경 때문인지 육지나 연안에서는 볼 수 없는 아주 특이한 형태를 지니긴 합니다.

소설에서 노틸러스호가 등장한 이후, 진짜 노틸러스호를 비롯한 수없이 많은 잠수함이 만들어져 가장 깊은 해연까지 들어가보았으나, 여전히 바다 대부분은 미지의 세계로 남아 있습니다. 바다는 너무 넓고 끊임없이 변화하며 계속해서 새로운 모습을 보여주지만, 어지간해서는 내부를 잘 보여주지는 않습니다. 어른 아이 가릴 것 없이 바다를 보면 누구나 가슴이 뛰고 흥분되는 것은 우리와 가까이 있지만 속살을 보여주지 않는 바다만의 매력 때문이겠지요. 그래서 바다를 '또 하나의 우주'라고 부르나 봅니다.

지구를 둘러싼 포근한 외투, 대기

동화 속 벌거벗은 임금님은 교활한 사기꾼에게 속아 존재하지도 않는 옷을 입고 젠체한 탓에, 돈도 뜯기고 사람들 앞에서 실컷 망신도 당했습니다. 그렇게 허영심 많고 뻐기길 좋아했으니 한 번쯤은 호되게 당해봐야 정신을 차리지 싶다가도, 수많은 사람 앞에서 웃음거리가 된 임금님의 처지가 안쓰럽기도 합니다. 동화에서 사기꾼이 만든 '어리석은 자의 눈에는 보이지 않는 옷'은 보이지 않을 뿐만 아니라 애초에 존재하지도 않는 옷이었지만, 세상에는 보이지 않아도 존재하는 것들이 얼마든지 있습니다. 대표적인 예가 바로 대기입니다. 지구의 옷이라 할 수 있는 대기는 보이지는 않지만 확실히 존재합니다. 그렇지 않다면 우리도 절대 존재할 수 없었을 테니까요.

인류는 대기 안에서 숨 쉬며 살아가기 때문에, 대기는 앞서 말한 지구 내부나 바닷속보다는 훨씬 익숙한 공간입니다. 그러나 느낄 수는 있지만 볼 수도 잡을 수도 없어서 그만큼 아리송한 공간이기도 하지요. 흥미롭게도 지층이나 바다처럼 대기도 나름의 특성을 가진 여러 층으로 구별되어 있습니다.

종류	부피 비율(%)
질소	78.1
산소	20.9
아르곤	0.9
이산화탄소	0.03
수증기 및 기타	0.07

• 대기 중 기체 비율.

지구의 표면은 무정한 우주에 노출되지 않고, 대기권이라는 보이지 않는 옷에 둘러싸여 있습니다. 대기(atmosphere)란 수증기를 뜻하는 그리스어 atmos와 구(球)를 뜻하는 saphaira를 조합해 만든 단어입니다. 바닷물에 포함된 염분이 일정한 농도를 유지하는 것처럼, 지구의 대기 성분비도 일정한 비율이 유지됩니다. 바다와 마찬가지로 대기도 하나로 이어져 있어 항상 섞이기 때문이지요. 지구의 대기는 질소(약 78.1%)와 산소(약 20.9%)가 약 99%, 나머지 기체들은 1% 정도로 매우 미미합니다. 특히 이산화탄소는 함유량이 0.03%에 불과하지만, 이 정도 양으로도 지구의 모든 식물이 광합성을 할 수 있습니다. 또 온실 효과를 일으켜 지구 대부분에서 물이 기체 상태로 존재할 수 있는 온도를 유지하는 데 결정적인 역할을 합니다.

대기권은 온도 변화에 따라 4개의 층으로 구성됩니다. 여기서 땅과 가장 가까운 0~10km에 이르는 층을 '대류권'이라고 부릅니다. 대류권이라는 이름이 붙은 까닭은 온도가 높아지면 기체나 액체가 위로 올라가고 차가워지면 아래로 내려오는 대류 현상이 가장 잘 관찰되기 때문입니다. 대류권은 대기권 4개의 층 가운데 부피가 가장 작지만, 가장 무거운 곳이기도 합니다. 대기를 이루는 기체 성분의

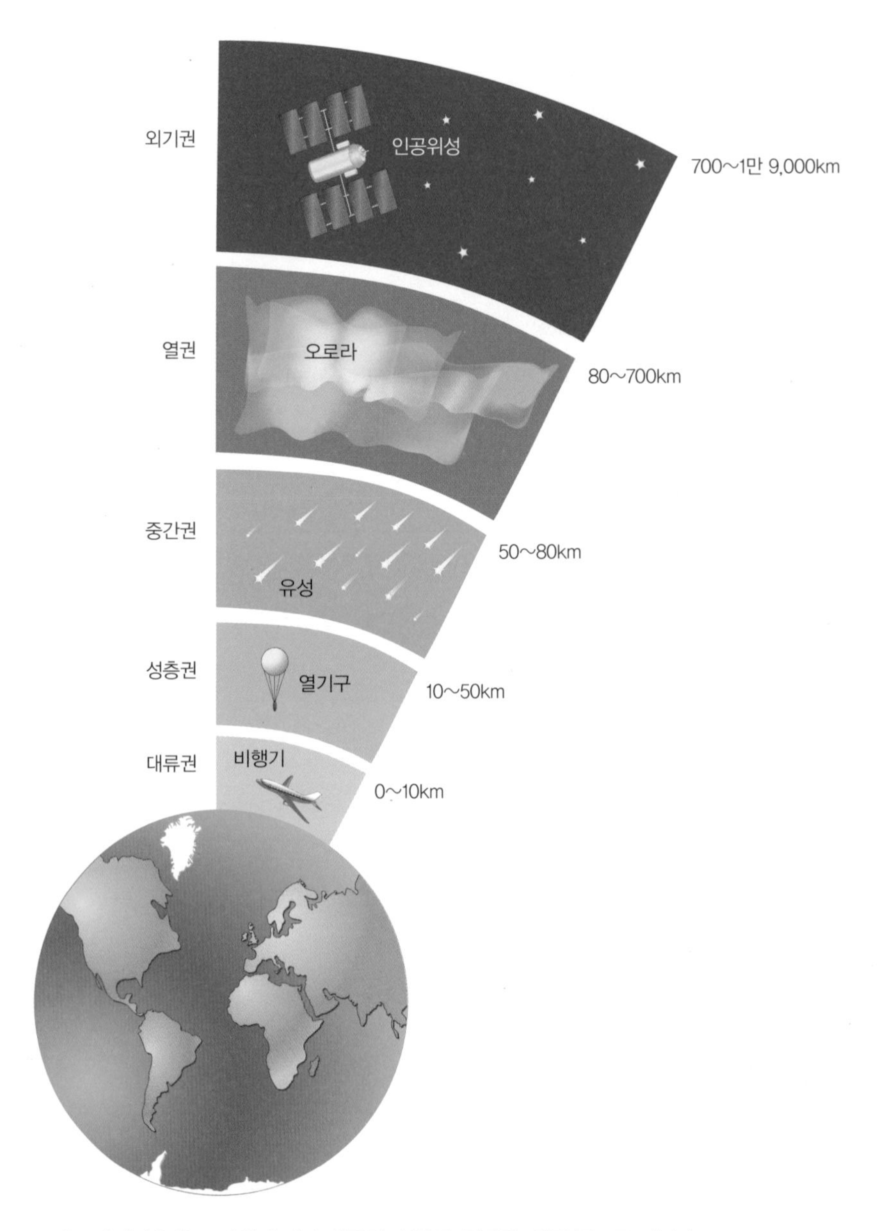

• 지구 대기권은 온도 변화에 따라 대류권, 성층권, 중간권, 열권 등으로 나뉜다.

절대다수가 여기에 몰려 있기 때문이지요. 이곳에 공기층이 가장 밀집된 이유는 지구 중심부와 가까워 중력의 영향을 가장 많이 받기 때문입니다. 인류가 두 발로 걸어갈 수 있는 가장 높은 땅인 에베레스트산 꼭대기도 해발 8,848m이니 우리는 대류권 밖으로 나갈 일이 거의 없겠지요.

지금껏 거의 모든 인류는 대류권 안에서 태어나 살다가 생을 마감했고, 당분간도 그럴 겁니다. 그러니 우리가 사는 동안 경험하는 대기의 특성은 대류권의 특성과 같습니다. 대류권의 가장 큰 특징은 지표면을 기준으로 위로 올라가면 올라갈수록 기온이 내려간다는 것입니다. 비율도 일정해서 대략 1km를 올라갈 때마다 기온은 6.5℃씩 내려갑니다. 따라서 해발 8,848m인 에베레스트 꼭대기는 해발 0m인 해수면의 기온보다 57.5℃ 낮습니다(그래서 아무리 기온이 높은 한여름에도 -18℃ 이상으로 올라가지 못합니다). 세계지도에서 에베레스트의 위도를 보면 북위 27.6°로 우리나라보다 적도에 가까이 위치해 있습니다. 비슷한 위도 대에 위치하는 대만의 타이베이(북위 25°)의 여름 평균 기온이 29.4℃인 것과 비교하면 에베레스트의 기온이 고도의 영향을 매우 많이 받음을 알 수 있지요.

대류권에서는 대류 현상이 일어나 따뜻해진 공기가 위로 올라가는데, 위로 올라갈수록 기온이 낮아지니 일정 높이 이상 올라가면 공기 중의 수증기가 응결해 구름이 만들어집니다. 구름이 계속 쌓여 무거워지면 중력의 힘을 이기지 못해 눈이나 비가 되어 땅으로 떨어집니다. 따라서 대류권에서는 공기의 상승과 하강, 기압의 변화, 구름과 바람의 발생 등 다양한 기상 현상이 일어나지요. 물이 높은 곳에서 낮은 곳으로 흐르듯이, 공기는 압력이 높은 곳에서 낮은 곳으로 흐르는 성질이 있습니다. 공기가 고기압 지역에서 저기압 지역으로 이동하면서 바람이 만들어집니다. 바람이 불어 나가는 고기압 지역은 구름이 생기지 못해 날씨가 맑지만, 바람이 불어 드는 저기압 지역에서는 구름이 만들어져 비가 내리는 경우가 많지요.

최근 몇 년 전부터 겨울만 되면 온 나라가 미세 먼지로 몸살을 앓는데요. 바다가 삼면을 둘러싼 반도 지형인 우리나라는 겨울철이면 대륙 쪽이 바다보다 빨리 식어 기온이 더 낮아지기 때문에 일반적으로 대륙 쪽이 고기압, 해양 쪽이 저기압을 띠게 됩니다. 그래서 보통 겨울바람은 대륙에서 해양 쪽으로 이동합니다. 인류는 땅에서만 살 수 있어서 땅 위의 대기는 바다 위의 공기보다 더 많은 오염 물질이 포함되기 마련입니다. 게다가 겨울에는 화석연료를 이용한 난방 사용량도 늘어나니 공기 오염이 더 심해질 수밖에 없고, 겨울의 대기는 자주 잿빛으로 흐려집니다. 반대로 여름에는 대기가 해양 쪽에서 대륙 쪽으로 이동하기 때문에 상대적으로 오염 물질이 줄어듭니다. 대신 뜨겁게 달아오른 바다에서 습기를 가득 머금은 무더운 공기가 '찜통더위'를 몰고 오지요.

대류권 다음은 성층권입니다. 성층권은 상공 10~50km 사이인데, 이 부근에서는 올라갈수록 기온이 상승해 성층권 꼭대기쯤에 가면

-3℃ 정도로 회복합니다. 우리가 살아생전 한 번 가보기조차 어려운 성층권이 유명해진 이유는 오존층 때문입니다. 오존은 산소 원자 3개로 이루어진 분자로, 성층권에 존재하는 오존들은 지구로 쏟아져 들어오는 유해한 자외선의 99%를 흡수합니다. 지구의 생물체들이 자외선에 의한 DNA 손상 걱정을 덜고 살아가도록 해주지요. 생물체에게는 매우 고마운 존재인 셈입니다. 만약 성층권에 오존층이 없었다면, 지구로 쏟아져 내려오는 자외선 때문에(자외선은 생물체의 DNA에 손상을 입혀 치명적인 악영향을 미칩니다) 생명체가 육지로 올라오기 매우 어려웠겠지요.

성층권의 위쪽은 중간권으로 50~80km까지의 구간입니다. 여기서는 다시 고도가 상승할수록 온도가 떨어집니다. 우주를 떠돌다가 지구까지 끌려 들어온 암석 조각들이 유성이 되어 불타오르는 공간이고요.

마지막으로 중간권 바깥부터 700km까지의 공간을 열권이라고 하는데, 다시 상승할수록 온도가 높아지는 곳입니다. 대기권에 속하기는 하지만 공기 분자들의 농도가 워낙 희박해 분자끼리 충돌하는 일은 거의 일어나지 않습니다. 이곳은 오로라가 빛나는 곳이자 전리층이 존재하는 공간입니다. 특히 열권 하부에 존재하는 전리층은 지구상에서 발산하는 전파를 다시 튕겨내는 성질이 있어서 구형인 지구에서 쏘아 올린 전파가 우주 공간으로 직진하지 않고 다시 지표면으로 내려올 수 있습니다. 만약 이 전리층이 없었다면 전 세계의 무선

통신 연결망은 실현되기 어려웠을 겁니다.

대기는 보이지도 않고 잡히지도 않지만, 행성이 어떻게 변화할지를 결정하는 중요한 요소입니다. 지구에서 떨어져 나간 조각들로 만들어진 달이 황량한 죽음의 세상이 된 건, 중력이 약해 대기를 잡아두지 못했기 때문입니다. 지구와 비슷해 쌍둥이 같은 금성은 표면 온도 400℃가 넘는 불지옥 같은 행성입니다. 이는 금성의 대기 대부분을 이산화탄소가 차지해 지독한 온실효과가 일어났기 때문이죠. 지구에 지금 같은 성분 비율을 지닌 대기가 존재한다는 그 자체가 얼마나 큰 행운인지 금성과 비교해보기 전에는 미처 몰랐답니다.

좋은 자리가 오존을 이롭게 만든다!

'자리가 사람을 만든다'라는 말이 있습니다. 같은 사람이라도 어떤 사회적 위치에 자리 잡느냐에 따라 행동이 달라진다는 말입니다. 우리에게 유용한 기체 가운데도 이런 특징을 보이는 것이 있습니다. 바로 오존입니다. 오존(Ozone)의 이름이 그리스어로 'Ozine(냄새를 맡다)'에서 유래되었듯이, 특유의 톡 쏘는 향이 나는 기체입니다. 흔히 복사기나 레이저 프린터를 사용할 때 나는 냄새가 바로 오존의 냄새지요. 우리가 호흡하는 산소는 산소 원자 2개가 결합해 만들어진 산소 분자인데요, 산소 분자 3개가 결합한 것이 바로 오존입니다.

우리에게 멀찌감치 떨어져 있는 오존은 매우 고마운 존재입니다. 대기권의 두 번째 층인 성층권에는 오존의 농도가 상대적으로 높아 오존층이라고 부르는 영역이 존재합니다. 오존층의 주된 역할은 태양에서 나오는 자외선을 흡수하는 일입니다. 오존층 덕분에 지표면에 도달하는 태양 자외선의 양이 원래의 1%로 줄어듭니다. 그런데 이 정도로도 피부색이 옅은 이들에게 충분히 피부암을 일으키고 백내장을 가속화시키며 일광 소독까지 할 수 있을 정도입니다. 일반적으로 성층권의 오존 농도가 1% 감소하면 유해 자외선(UV-B)의 양은 2% 늘어나고 피부암의 발병률이 약 4% 증가하며, 백내장도 0.6% 증가해 시력을 잃는 사람이 매

년 10만 명 이상 늘어납니다. 이뿐만이 아닙니다. 강한 자외선은 식물의 DNA를 파괴해 성장을 둔화시키고, 식물 호르몬과 엽록소에 피해를 주며, 물속 깊은 곳까지 침투한 UV-B가 단세포 조류에게도 심각한 피해를 줍니다. 게다가 추가적인 에너지로 지구의 기온을 높인다고도 알려져 있습니다.

이처럼 성층권에 있는 오존은 생물체를 보호하는 역할을 수행하지만, 우리 주변에 있는 오존은 그렇지 못합니다. 오존은 원래 2개여야 할 자리에 산소 원자 3개가 붙어 있어서 불안정합니다. 그래서 자꾸 산소 분자와 산소 원자로 쪼개지려고 하는데요. 이때 만들어진 산소 원자도 매우 불안정해 주변의 물질과 닥치는 대로 결합하려고 합니다. 산소가 다른 물질과 결합해 산화 현상이 일어나면 물질은 변성되는 경우가 많습니다. 산소가 금속과 결합해 산화하면 금속은 녹이 슬고, 산소가 단백질과 결합해 산화하면 단백질이 변성되어 기능을 잃습니다. 특히 오존의 단백질 변성 작용은 매우 강해서 이를 이용해 살아 있는 생물체, 즉 미생물을 제거하는 소독 · 살균제로 쓰이기도 하니까요. 실제 오존은 염소보다 6~7배나 높은 살균력을 가져 박테리아와 바이러스를 순식간에 죽입니다. 이를 이용해 곰팡이, 포자, 효모균 등을 제거하는 소독용 기구들도 개발되어 있지요.

하지만 바로 이 성질 때문에 오존이 인체에 해로울 수 있습니다. 기본적으로 우리의 몸 자체도 단백질로 이루어졌기 때문에, 대기 중에 포함된 오존이 숨 쉬는 사이 기도를 통해 폐로 들어와 조직에 손상을 줄 수 있습니다. 따라서 오존 농도가 높은 날이면 호흡기가 약한 사람들은 가급적 외부 활동을 자제하는 것이 좋습니다. 실제로 장기간 오존에 노출된 상태에서 대기 중 오존 농도가 10ppb(1억 분의 1) 올라갈 때마다 폐질환자의 사망률이 12% 증가하는 것으로 나타났습니다. 심지어 오존 농도가 0.1ppm 이상일 경우 다음 날 사망자가 7% 증가한다는 연구 결과도 있을 정도입니다. 따라서 기상청에서는 오존 농도가 0.12ppm 이상이면 오존주의보, 0.3ppm 이상이면 오존경보를 내려 국민들이 참고할 수 있게 하고 있습니다.

오존은 자외선에 영향을 많이 받기 때문에, 여름이 오고 태양 고도가 높아져 자외선을 많이 받으면 지표에서도 오존 농도가 높아집니다. 특히 오존은 산소 원자뿐 아니라, 자동차 배기가스에 든 질소산화물과 휘발유, 페인트, 잉크 등에서 발생하는 휘발성 유기화합물에서도 만들어지기 때문에, 자동차, 주유소, 레이저 프린터, 복사기의 증가가 오존 발생률을 더욱 높이고 있습니다. 해로운 오존도 유익한 오존층도, 모두 같은 오존입니다. 두 얼굴의 오존을 계속 좋게 기억하려면 우리가 어떤 일을 해야 할까요?

09

돌고 돌고 도는 지구 - 지구의 자전과 공전

지구는 둥글다

새해가 밝았습니다. 한 장만 달랑 남아 있던 가벼운 달력 대신 열두 장이 묵직하게 채워진 새 달력이 걸리고, 연도가 바뀌고, 나이도 한 살씩 더 먹습니다. 하지만 여전히 오늘의 태양은 어제 그 태양이고, 내일도 별다를 것 같지 않습니다. 스칼렛 오하라가 중얼거렸듯 '내일은 내일의 태양이 떠오를 것'에 대해 어떤 의심도 들지 않습니다. 그러나 우리는 이제 압니다. 하늘의 저 태양은 떠오르는 것이 아니라 지구가 한 바퀴 돌아 제자리로 왔기 때문에 다시 보이는 것이라는 사실을요. 하지만 아직도 태양은 '떠오르는 것'이 자연스럽고, 우리는 늘 제자리에 못 박힌 느낌에 답답하기만 합니다. 지구는 정말로 둥글고, 우리는 진짜로 움직이고 있는 걸까요?

창덕궁에 가본 적 있나요? 몇 년 전, 모처럼 여유를 가지고 서울 시내를 걷다가 무심결에 창덕궁에 들렀습니다. 민속박물관과 어린이박물관이 있는 경복궁은 지금도 자주 가는 편입니다. 창경궁도 창경원 시절부터 자주 갔지만, 옆에 있는 창덕궁은 가본 적이 별로 없었지요. 오랜만에 들른 창덕궁은 경복궁보다 소박하고 창경궁보다 한적해, 궁이라기보다는 절의 느낌이 강하게 들더군요.

창덕궁 후원에 있는 주합루 앞에는 한가운데 둥근 섬이 있는 네모난 연못 부용지가 있습니다. 보통 연못이라면 둥근 모양이지만, 부용

© G4lrn8

• 창덕궁 후원의 주합루와 부용지.

지는 네모반듯하지요. 이런 모양으로 연못을 판 이유는 '하늘은 둥글고 땅은 모나다'라는 천원지방(天圓地方)의 뜻을 담고자 했다고 알려졌습니다. 생물학의 눈으로 볼 수 있는 세상은 기본이 평평한 땅과 둥근 하늘입니다. 하늘에는 해와 달과 별이 움직이지만, 우리는 가만히 있으면 움직이지 않습니다. 그래서 대부분의 천지창조 설화에서는 움직이지 않는 지구, 평평한 땅, 해와 달이 지나는 길이 나오고 별이 박힌 둥근 돔 같은 하늘을 상상하지요.

수많은 세월 동안 이를 당연하게 여기고 살아온 인류는 어느 날 의문을 품습니다. 정말 땅이 평평할까, 정말 하늘은 둥글게 막혀 있을까, 우리는 과연 움직이지 않을까, 라는 의문을요. 모든 과학과 철학은 너무 당연해서 아무도 묻지 않았던 생각을 물으며 시작합니다. 개인적으로 아이가 하나의 독립 개체가 되는 순간이 "엄마는 내 맘도 모르고"라며 삐죽거리는 때부터라고 생각합니다. 당연히 나와 한 몸이고 내 모든 마음을 알고 있을 거라 생각한 엄마가 그 마음은 읽지 못하고 다른 생각을 하는 것에 의문을(정확히는 불만을) 가지기 때문이지요.

이렇듯 깨달음과 변혁의 순간은 너무도 당연한 것에 의문을 가지면서 시작합니다. 하지만 이런 종류의 의문은 답해주어야 하는 이(타인이든 본인이든 상관없이)에게는 꽤 귀찮고 성가십니다. 그냥 받아들이면 전혀 문제없이 넘어갈 수 있는데, 일단 의문을 품기 시작하면 하나하나가 껄끄럽게 걸려서 물음표가 삽시간에 들불처럼 번져나가기 마련이니까요. 그래서 어느 칼럼니스트는 명절마다 '호구조사'나 '상황 보고'를 요구하는 친척들에게 '명절이란 무엇인가' '결혼이란 무엇인가' '취업이란 무엇인가'처럼 당연한 질문을 되돌려주라고 조언한 바 있지요. 하지만 이렇게 하면 현실에서도 서로 얼굴 붉힐 일이 생길 가능성이 높아요. 그러니 지구가 평평한 건 아닐까, 우리가 중심이 아닌 건 아닐까를 처음 질문한 사람의 인생은 그다지 순탄하지는 않았을 거라는 짐작이 듭니다.

인류는 먼저 '평평한 지구'라는 오류에 대한 답을 찾아냈습니다. '피타고라스의 정리'로 유명한 그리스의 수학자 피타고라스(Pythagoras, B.C. 580~B.C. 500)는 지구가 둥글 거라고 최초로 생각했다고 알려져 있습니다. 사실 피타고라스가 직접 본 것은 아니고요. 그의 관점에 따르면 원이나 구형은 가장 안정적이고 순수한 형태이니, 우리가 존재하는 이 땅은 완전무결하기 때문에 구형이 어울린다고 생각했던 것에 가깝습니다. 지금 보면 지나치게 관념적인 생각이었지요. 하지만 모든 사람이 관념적으로만 생각했던 것은 아닙니다. 그리스의 철학자 아리스토텔레스(Aristoteles, B.C. 384~B.C. 322)는 월식 때 달에 비치는 지구 그림자의 가장자리가 둥글다는 관찰 결과를 지구가 둥글다는 증거로 사용했습니다. 그리스 출신인 에라토스테네스(Eratosthenes, B.C. 275~B.C. 194)도 태양의 고도가 가장 높은 하지 때, 서로 다른 두 도시에서 태양의 고도가 차이 난다는 것을 지구가 둥글다는 증거로 찾았을 뿐 아니라, 이를 이용해 지구의 둘레를 구하는 공식을 최초로 생각해냈습니다. 지구가 둥글다는 간접 증거들을 찾아내서 주장을 뒷받침했던 것입니다.

하지만 지구가 둥글다는 사실을 알아낸 뒤에도 별다른 변화는 없었습니다. 에라토스테네스의 시대뿐만 아니라 그 후로 천 년이 넘는 세월 동안 대부분의 인류는 자신이 태어난 반경 50km 내에서만 살았기 때문에, '지구는 둥그니까 자꾸 걸어나가면 온 세상 어린이들 다 만나고 오겠네'라는 경험 따위는 거의 한 적이 없었지요. 둥근 지구에 대한 인식은 대서양의 끝에 낭떠러지 대신 커다란 대륙이 있다는 사실을 알아내고 그 대륙 너머 큰 바다인 태평양을 지나면 출발했던 유라시아대륙에 다시 도착할 수 있다는 사실을 증명한 15세기 이후에 좀 더 분명해집니다.

지구는 움직인다

하지만 지구가 구형이라는 생각을 하고 나서도 심지어 지구를 한 바퀴 돌고 난 뒤에도, 지구가 우주의 중심이 아닐지도 모른다는 생각은 하지 못했습니다. 사람들은 지구가 중심에 있고 그 주위를 해와 달과 다른 별들이 돌고 있는 천체 구조를 만들어냈는데, 이를 집대성한 인물이 알렉산드리아의 수학자이자 천문학자인 클라우디오스 프톨레마이오스(Claudios Ptolemaeos,?~?)입니다. 프톨레마이오스가 정

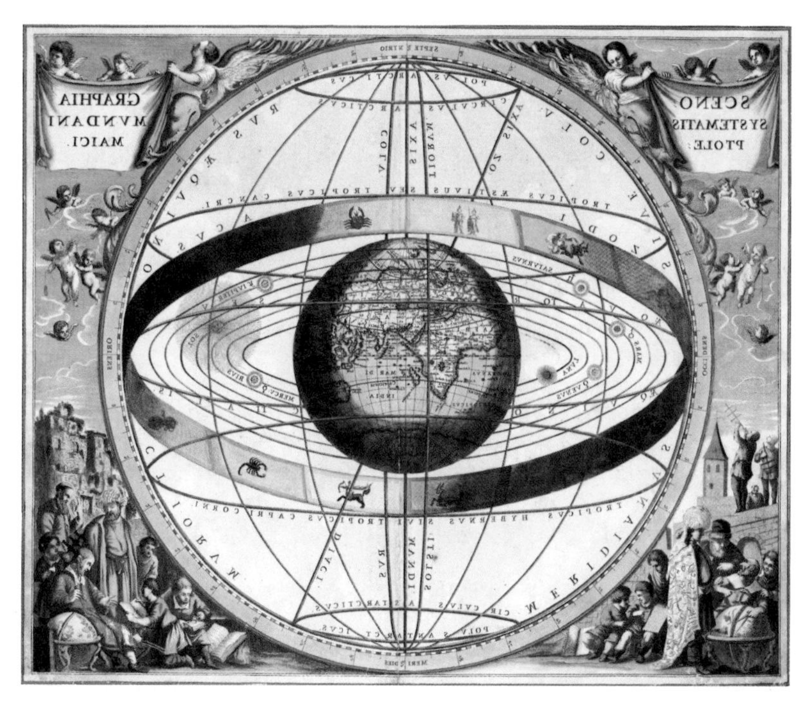

• 프톨레마이오스의 천동설을 17세기에 요하네스 반 룬이 그림으로 표현했다.

리한 '지구중심설'은 흔히 천동설(天動說)로 알려져 있습니다. 여기서도 하늘은 여전히 구형이고, 천구(天球)가 지구를 둘러싸고 있으며, 천구 위에 태양이 다니는 길인 황도와 달이 지나는 길인 백도가 존재한다고 생각했지요.

여기서 많은 사람이 오해하는 것이 하나 있습니다. 바로 천동설이 보여주는 우주관은 어리석고, 지동설(=태양 중심설)은 더 뛰어나다는 선입견입니다. 이거야말로 '후대에 태어난 사람들이 선대에 가질 가능성이 높은' 잘못된 선입관의 대표적인 사례입니다. 이건 마치 답

안지를 미리 보아 정답을 알고 있는 사람이, 노력해서 문제를 풀고 있는 사람을 한심하게 바라보는 것과 같은 상황입니다.

고대의 자연철학자들도 매일같이 하늘에서 움직이는 태양과 달과 별을 바라보며, 혹시 저들이 움직이는 게 아니라 지구가 움직이고 하늘이 고정된 게 아닌지, 의심하지 않은 건 아닙니다. 철학자나 과학자가 매일같이 하는 일이 의심이니 당연하지요. 하지만 당시 그들이 수집한 증거 가운데 하늘이 움직이고 있다는 증거는 많았지만, 지구가 움직이고 있다는 증거는 전혀 없었습니다. 일단 하늘을 볼까요? 직관적으로 볼 때 해는 동쪽에서 떠서 남쪽을 거쳐 서쪽으로 지는 듯합니다. 내가 보는 어떤 물체가 움직이는 것처럼 보인다면, 대상이 움직이거나 내가 움직이거나 둘 중 하나, 혹은 둘 다겠죠. 하지만 내가 움직인다는 증거가 없다면 대상이 움직인다고 보는 게 타당합니다.

이미 에라토스테네스는 지구가 구형임을 증명하며 지구의 둘레가 4만 6,000km(실제로는 4만 75km이니 여기서는 이를 기준으로 계산하겠습니다) 정도라고 예측했습니다. 만약 태양이 움직이는 게 아니라 내가 돌아서 태양이 움직이는 것처럼 보인다면, 둘레 길이가 4만km가 넘는 지구가 하루에 한 바퀴씩 돌아야 할 것입니다. 그런데 이 속도가 어마어마합니다. 하루는 24시간이니 지구는 적도를 기준으로 한 시간에 약 1,670km씩 회전해야 합니다. 하지만 당시에 빠른 물건이라고 해봐야 화살 정도였고, 동력원이라고는 사람이나 가축의 힘밖에 알지 못하던 시절입니다. 이렇게 큰 지구가 시속 1,670km라는 어마어마한 속도로 움직일 수 있으며, 이런 엄청난 속도를 가능하게 하는 동력원이 무엇인지 상상조차 하기 어려웠지요. 설사 그런 속도가 어찌어찌 가능하다고 하더라도, 지구가 그렇게 빨리 움직인다면 당연히 바람이 세차게 불거나 땅이 흔들리는 등 움직이고 있음을 분명히 느낄 수 있을 텐데, 이런 느낌을 받은 적이 한 번도 없었다는 사실도 정황 증거가 되어줍니다. 따라서 프톨레마이오스를 비롯해 고대의 천문학자들이 태양의 움직임은 관측되는데 내가 움직인다는 증거를 찾을 수 없으니 당연히 태양이 움직이는 거라고 논리적으로 결론을 내린 것이지요. 그저 눈에 보이는 대로 단순하게 받아들이는 것이 아닙니다. 오히려 그들은 매우 합리적으로 세상의 움직임을 설명해낸 과학적이고 현명한 사람들에 가까웠습니다.

프톨레마이오스에 의해 정리된 천동설은 이후 서구 유럽을 지배한 기독교 사상의 강력한 지지를 받으며 무려 1,400년 동안이나 진리로 받아들여졌습니다. 과학사학자인 토마스 쿤의 말을 빌리자면, 천동설은 그 세월 동안 변함 없는 진리이자 패러다임으로 받아들여졌습니다. 사실 천동설만으로도 시간에 따른 지구와 태양의 위치, 계절의 변화, 일식과 월식의 날짜 등을 모두 예측할 수 있었습니다. 달력을 만들고 일식과 월식을 미리 예측해 두려워하지 않고 살아가는데 아무런 문제가 없었습니다.

그래도 설명하기 어려운 것이 있었습니다. 대표적으로 금성의 위상 변화와 화성의 역행 현상입니다. 시간을 두고 금성을 꾸준히 관찰하면 마치 달처럼 둥근 모습에서 이지러진 모습을 보이다가 삭이 되어 사라지는 현상을 관찰할 수 있습니다. 사실 이러한 위상 변화는 달에서도 늘 관찰되는 현상이라 이상할 일이 없지만, 금성은 모양이 변할 때마다 크기도 다르게 보입니다. 달은 위상 변화가 나타나도 같은 크기에서 일부만 가려질 뿐이지만, 금성은 보름달일 때가 가장 작고 초승달일 때가 가장 크게 보인다는 게 문제입니다. 그렇다면 금성은 보름달일 때 지구에서 멀어지고, 초승달일 때는 가까워지는 걸까요?

화성이 보여주는 행태는 더욱 황당합니다. 화성의 움직임을 매일 관찰하면, 앞으로 가다가 갑자기 방향을 바꿔 뒷걸음치듯 뒤로 돌아가더니, 두 달 정도 지나서는 또 방향을 바꿔 원래 가던 쪽으로 나아가는 이상한 모양새를 보여줍니다. 마치 집을 나와 한참 가다가, 문득 휴대폰을 두고 온 걸 깨닫고는 다시 집에 돌아갔다가 나오는 사람처럼 말이지요. 이런 화성의 움직임을 역행(逆行, retrograde)이라고 합니다. 게다가 화성의 속도도 어떤 때는 빨라졌다가, 어떤 때는 느려져서 천문학자들을 괴롭혔습니다.

천동설에서는 이런 모순을 설명하기 위해 지구 주변을 태양과 다른 행성들이 도는 단순한 모델이 아니라, 행성들이 작은 원과 큰 원을 동시에 그리는 이중 원운동을 한다는 주전원 개념, 지구가 아닌 중심을 하나 더 가진다는 이심원 개념 등 다양한 수정 사항을 덧붙였습니다. 이로 인해 천동설의 계산법은 끔찍할 정도로 복잡해졌지만, 어쨌든 설명은 가능했습니다. 게다가 해와 달의 움직임이나 계절의 변화, 일식과 월식과는 달리 금성의 위상 변화나 화성의 역행은 뚜렷하게 인지되는 현상도 아니고, 이들의 변화에 따라 가시적인 결과가 나타나는 것도 아니어서 보통 사람에게는 금성이 변하든 말든, 화성이 거꾸로 가든 말든 별 상관 없었지요.

만약 지구가 자전을 멈춘다면?

만약 지구의 자전이 갑자기 멈춘다면 어떤 일이 일어날까요? 일단 가장 먼저 예상할 수 있는 상황은 강력한 태풍과는 비교도 할 수 없을 만큼 엄청난 힘으로 우리 모두가 날아가버릴 가능성입니다. 시속 100km로 달리던 자동차가 갑자기 멈추면, 안전벨트를 하지 않고 그 안에 타고 있던 사람은, 엄청난 속도로 차창을 뚫고 튀어나가버립니다. 관성 때문이지요. 지구는 적도를 중심으로 시속 1,670km에 달하는 엄청난 속도로 움직이고 있기 때문에, 지구가 멈춘다면 그 위에 존재하는 모든 것들은 관성에 따라 그만큼의 속도로 튕겨나갈 것입니다. 물론 지구에는 관성을 방해하는 여러 가지 힘(중력, 공기 저항 등)들이 존재해 이 속도를 계속 유지할 수 없을 테지만, 이 속도로 튕겨 나가다 어딘가에 부딪힌다면 살아남을 가능성은 극히 희박하겠지요.

게다가 지구의 내부가 균일하지 않다는 점을 고려해야 합니다. 지구의 외핵은 액체 형태여서 지구가 멈추더라도 외핵은 갑자기 멈출 수 없습니다. 물통을 회전시키다 멈추더라도 내부의 물이 여전히 출렁이는 것처럼 말이지요. 즉 지각과 맨틀과 내핵은 고체이니 순식간에 멈추겠지만, 외핵과 맨틀 상부의 연약층은 여전히 출렁일 테니 이 차이로 대규모의 지진이 발생할 가능성이 높습니다. 또 자전을 하지 않으면 지구의 원심력이 사라지면서 적도 근처에 몰려 있던 바닷물이 극지방 쪽으로 밀려나게 됩니다. 기존 대륙의 대부분이 물에 잠기고 적도를 따라 띠 모양의 거대 대륙이 출현할 겁니다. 여기서 생명체가 살지는 못하겠지만요.

또 태양은 오로지 지구의 공전에 의해서만 영향을 받으므로 낮이 6개월, 밤이 6개월이 될 겁니다. 낮에는 뜨거운 태양이 지표를 달구지만, 밤에는 극도의 추위가 찾아와 모든 것이 얼어붙겠지요. 자전이 사라지면 극지방을 중심으로 생기던 지구 자기장도 사라지면서, 강력한 방사능과 전자기 입자를 지닌 태양풍을 막아낼 수 없게 됩니다. 엄청난 양의 자외선과 방사선이 지표로 쏟아져 내릴 테니 육상 생태계는 전멸할 것이 틀림없고요. 다만 바닷속 생태계는 바람과 고도, 태양풍의 영향을 덜 받기 때문에 유지될 가능성이 높다고 하니, 갑자기 지구가 멈추면 지구는 그야말로 '물의 행성'으로만 남을지도 모르겠네요.

누가 뭐래도 지구는 돈다

이쯤에서 당연한 의문을 가진 사람이 등장합니다. 폴란드의 천문학자이자 가톨릭 수도사였던 코페르니쿠스였지요. 코페르니쿠스는 당대 천동설에 가장 정통한 인물이었다고 합니다. 천동설의 복잡한 계산을 수행하는 데 매우 익숙했는데요, 천동설을 연구할수록 점점 더 강렬하게 치밀어 오르는 의문을 억누를 길이 없어집니다. 그 의문은 '신께서 만든 세상이 왜 이토록 복잡한 걸까'였습니다. 성경에는 단지 "해와 달과 별이 있으라"고만 쓰였습니다. 그 모습은 매우 단순했고 그래서 아름다웠지요. 그런데 왜 이들의 움직임은 이토록 복잡하고 제멋대로인 걸까요? 위대하고 전지전능한 신이 모든 행성의 움직임 하나하나를 제각각 다르게 설정한 걸까요? 신이 우리를 위해 세상을 만들었다면, 왜 피조물들의 대다수가 이해하고 경탄할 수 없도록 이토록 세상을 복잡하고 어렵게 만들었을까요?

• 지동설을 주장한 코페르니쿠스.

고민에 고민을 거듭하던 코페르니쿠스는 어느 날 아주 간단하고 획기적인 생각을 해냅니다. 지금껏 우주의 중심을 차지하고 있던 지구를 빼고 대신 태양을 넣은 것이죠. 그랬더니 왜 금성의 크기가 변하는지, 왜 화성이 역행하고 속도가 달라지는지가 아주 명쾌하게 설명되었습니다. 사실 코페르니쿠스의 태양중심설*은 오류가 많아서 기존의 천동설에 비해 더 발전된 이론이라고 보기에는 무리가 많습니다. 특히 코페르니쿠스는 지구와 태양의 위치만 바꾸었을 뿐, 각 행성들의 궤도를 모두 원형으로 설정(실제 행성의 궤도는 타원형입니다)해서 천동설로는 정확히 예측할 수 있었던 일식과 월식 날짜를 오히려 제대로 예측할 수 없었습니다. 각종 행성들의 운행도 예측이 어긋났고요. 그럼에도 코페르니쿠스의 이론은 여전히 위대합니다. 코페르니쿠스는 감히 아무도 시도하지 못했던 생각, 지구가 우주의 중심이 아닐 수 있다고 생각했지요. 이는 문제를 완전히 다르게 바라보도록 만들었거든요. 이렇게 사고 체계의 근간을 뒤흔드는 획기적인 변화를 '코페르니쿠스적 변환'이라고 부르기도 합니다.

* 흔히 지동설이라고 번역하지만, 다른 건 그대로 두고 지구와 태양의 위치만 바꿨으므로 태양중심설이 맞습니다. 마찬가지로 천동설도 지구중심설이라는 말이 더 어울리고요. 다만 여기서는 이해를 돕기 위해 일반적으로 많이 사용하는 '천동설'과 '지동설'이라는 용어를 사용합니다.

코페르니쿠스는 태양이 태양계의 중심이라는 지동설을 생각해내기는 했습니다. 하지만 천문학자인 동시에 독실한 신학자였던 그는, 이 생각이 신성모독일 수도 있다고 여겨 오랫동안 발표를 주저했지요. 그래서 코페르니쿠스의 지동설이 담긴 책 『천구의 회전에 대하여』는 그가 사망한 1543년에야 출간되었습니다. 심지어 이 책을 내기 전에 교황 바오로 3세에게 자신의 입장을 설명한 간곡한 '변명'의 편지를 쓰고, 내용을 일부러 어렵게 써서 전문가가 아니면 이해하지 못하도록 '꼼수'를 부리기도 했답니다. 그 의도가 통했는지는 몰라도 책은 사람들에게 인기가 없어 출간된 지 한참이 지나서도 별다른 영향력을 발휘하지 못했습니다. 자칫 신성모독이라고 여겨질 내용이 담긴 이 책이 금서 목록에 오른 것도 출간 후 70년도 훌쩍 지난 1616년이었으니까요. 심지어 천문학자조차 코페르니쿠스에게 회의적인 경우가 많았습니다. 역사상 가장 뛰어난 천문학자로 불리는 덴마크의 브라헤는 코페르니쿠스의 주장은 신성모독일 뿐 아니라, 계산 체계와 증거 자체가 허술하다며 맹렬하게 비판했고(사실 허술한 건 어느 정도 맞는 말입니다), 그의 제자 케플러*도 행성의 실제 궤도는 원이 아니라 타원이라며 원형 궤도를 주장하는 코페르니쿠스를 비판했지요.

이때 코페르니쿠스의 지원군이 되어준 사람이 최초의 근대 과학자로 불리는 갈릴레이입니다. 원래 피사 대학의 수학 교수인 갈릴레이는 세계 최초로 망원경을 통해 별을 보았다

* 케플러의 법칙(행성 운동 법칙)

1. 타원 궤도의 법칙: 행성은 원 궤도를 도는 것이 아니라 초점이 두 개인 타원 궤도를 도는데, 이때 한 초점은 태양이다.
2. 면적 속도 일정의 법칙: 행성과 태양을 연결하는 가상의 선분이 같은 시간 동안 쓸고 지나가는 면적은 항상 같다. 즉 타원 궤도를 돌 때 초점에서 가까운 곳에서는 천천히 돌고, 초점에서 먼 곳에서는 빨리 돈다.
3. 조화의 법칙: 각 행성의 공전 주기의 제곱은 타원 궤도의 긴 반지름의 세제곱에 비례한다.

• 지구중심설을 부정해 종교재판에 회부된 갈릴레이.

고 알려져 있습니다. 갈릴레이는 망원경으로 하늘을 관찰하다가 목성의 빛에 가려 보이지 않던 작은 위성 네 개를 찾아냅니다. 목성을 중심으로 도는 네 위성은 모든 천체가 지구를 중심으로 돈다는 기존 믿음을 반박하는 '눈에 보이는' 증거였습니다. 갈릴레이는 이후에도 계속 달 표면이 매끈하지 않으며 반점이 있다는 사실과 태양의 흑점, 금성의 위상 변화, 은하수가 뿌연 빛덩어리가 아니라 자잘한 별들이 모여서 이루어졌다는 사실도 밝히면서 오랜 세월 베일에 감춰져 있던 천체의 비밀을 밝혀냅니다. 하지만 갈릴레이는 1632년 출간한 『두 가지 주요 세계관에 관한 대화』에서 태양중심설을 옹호하고 지구중심설을 부정해 신성모독을 범했다는 이유로 종교재판에 회부됩니다. 종교재판에서 이단으로 몰려 화형 당할 것이 두려워 주장을 철회하고 재판정에서 나오며 "그래도 지구는 돈다"라고 말했다는 일화가 널리 알려져 있는데요, 믿을 만한 이야기는 아닙니다. 막 자신의 주장을 철회한 마당에 행여 누가 듣기라도 하면 당장 화형대로 끌려갈지도 모르는데, 과연 이런 말을 혼잣말도 아니고 여러 사람들이 들을 정도로 크게 말했을까요?

갈릴레이가 지동설을 주장하다가 종교재판에 회부되었다는 사실 때문에 후대에는 외부의 부당한 압력에 굴복한 순수한 과학자의 이미지가 강합니다. 물론 그런 점도 없지 않았지만 갈릴레이가 굴복할 수밖에 없었던 결정적인 이유는 지구가 아닌 태양이 중심이 되는 이유를 명확히 설명하지 못했기 때문입니다. 천동설은 '신'을 근거로 댈 수 있습니다. 신께서 모든 것을 창조하시고 이를 다스릴 생명체로 인간을 창조하셨으니 인간이 사는 지구를 중심에 놓으셨다고 주장하면(믿으면) 되니까요. 신의 존재가 상정된다면 모든 증명과 반박은 무의미해집니다. 하지만 태양이 중심이 되면 이야기가 달라집니다. 신이 태양을 유독 편애한 게 아니라면, 왜 태양이 중심이고 신의 피조물들이 사는 지구는 주변이어야 하는지, 반박할 수 없는 이유가 필요합니다. 하지만 갈릴레이는 그 이유를 명확히 설명하는 데 실패합니다.

우주가 이런 구조로 형성될 수밖에 없다는 점을 명확히 밝힌 인물이 바로 아이작 뉴턴(Isaac Newton, 1642~1727)입니다. 사과가 떨어지는 것을 보고 '만유인력의 법칙'을 착안했다지만, 실제로 뉴턴이 더 궁금했던 건 사과보다는 달이었습니다. 이렇게 작은 사과도 떨어지는데 저 하늘의 커다란 달은 왜 떨어지지 않을까? 뉴턴 이전 시대까지도 땅과 하늘은 서로 다른 법칙이 적용되는 분리된 세계라고 생각했습니다. 그러나 뉴턴은 만유인력의 법칙으로 지상과 천상이 같은 법칙으로 설명될 수 있음을 증명합니다. 정리하자면 사과가 땅으로 떨어지고 달이 지구를 도는 것은 두 물체의 중력 차이로 설명할 수 있다는 것입니다.

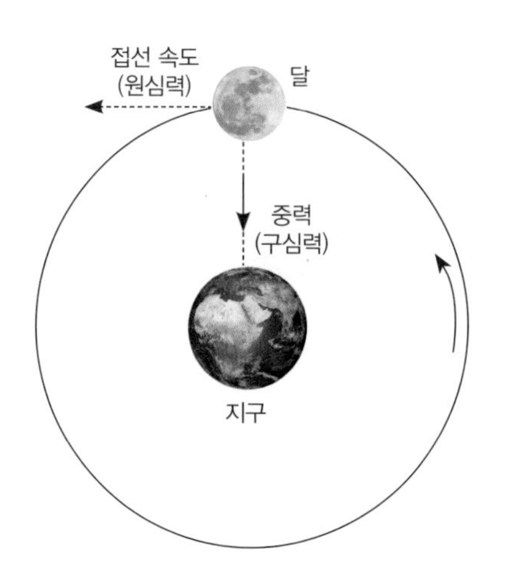

• 달이 떨어지지 않는 이유.

사실 달은 떨어지지 않는 것이 아니라 계속 떨어지는 중입니다. 그래서 지구 주변을 계속 돌고 있는 것이지요. 떨어지는데 떨어지지 않고 계속해서 돈다? 비밀은 달이 움직인다는 데 있습니다. 물체의 중력은 질량에 비례합니다. 즉 질량이 크면 클수록 중력이 커집니다. 달은 크기에 비해 가벼워 지구 질량의 1.2% 정도라서 지구 쪽으로 떨어지는 중입니다. 그러나 동시에 달은 외부로 나가는 운동을 하고 있습니다. 물리 시간에 배운 벡터의 법칙에 따르면, 한 물체에 서로 다른 방향의 두 힘이 가해지면 그 물체는 두 힘의 중간 방향으로 움직입니다. 그래서 달은 지구 표면에 수직으로 떨어지는 것이 아니라,

사선으로 비스듬히 떨어지는 중이지요. 달이 곧장 떨어져 지구와 충돌한다면 어마어마한 재앙이 될 테니 일단 비켜 가는 것만 해도 다행입니다. 지구가 평평하다면 달이 비스듬히 떨어지더라도 언젠가는 바닥에 닿겠지요. 다행스럽게도 지구는 둥글고, 더 다행스럽게도 달이 떨어지는 각도가 지구 표면의 곡률과 거의 비슷합니다. 그래서 달은 계속 지구로 떨어지고 있음에도 불구하고 영원히 지구 표면에 닿지 않으며 지구 주변을 돌고 있지요.

사실 달만 그런 게 아닙니다. 지구가 태양을 향해 계속 떨어지면서도 충돌하지 않으며 계속 궤도를 도는 것도 바로 이 때문입니다. 사과든 달이든 중력이 더 큰 지구 쪽으로 떨어집니다. 다만 사과는 중력 외에 다른 힘을 거의 받지 않아 중력 방향으로 수직 낙하하지만, 달은 외부로 달아나려는 힘 때문에 떨어지는 방향이 비스듬히 기울어 지표와 충돌하지 않는 것뿐이지요.

그렇다면 어떤 물체를 빠르게 던져서, 그 물체가 지구의 중력으로 떨어지는 각도와 지표면의 각도를 동일하게 맞출 수 있다면 어떨까요? 그럼 물체가 지표와 충돌하지 않으면서 영원히 떨어지게 만들 수 있지 않을까요? 물론 가능합니다. 그렇게 만든 물체가 바로 지구 주변을 돌고 있는 우주정거장입니다. 우주정거장은 지구의 중력으로 인해 떨어지는 각도를 정교하게 계산해 지표의 굴곡에 맞추었습니다. 그렇기에 떨어지지 않고 계속 일정한 높이에서 지구 주변을 돌고 있는 것이지요. 우주정거장이 이보다 더 빠른 속도로 움직인다면 지구 궤도를 벗어나 우주로 나갈 테고, 더 느린 속도로 움직인다면 떨어지는 각도가 커져서 언젠가는 지표로 떨어질 겁니다. 만유인력의 법칙의 위대함은 작은 사과부터 달과 지구와 태양의 움직임까지 모두 하나의 법칙으로 설명할 수 있다는 데서 나옵니다.

지구가 태양 주변을 도는 것은 단지 태양이 더 무겁기 때문입니다. 만약 지구가 태양보다 훨씬 더 무겁다면 태양이 지구 주변을 돌 수도 있겠지만, 그렇지 않아서 지구가 태양 주위를 도는 것이지요. 달도 지구보다 가볍기 때문에 지구 주변을 도는 것이고요. 목성의 위성도 같은 이유로 목성 주변을 돌고 있습니다. 영국의 시인 알렉산더 포프가 뉴턴을 다음과 같이 찬미한 것은 바로 이 때문입니다.

> 자연과 그 법칙은 어둠에 숨어 있었다.
>
> 신이 "뉴턴이 있으라"고 말씀하시매 모든 것이 밝아졌다.

뉴턴의 만유인력의 법칙은 지구보다 훨씬 큰 태양이 중심이 될 수밖에 없음을 논리적이고 수학적인 언어로 증명합니다. 그래서 천동설을 지지한 이들이 더 이상 우길 수 없게 만들었습니다. 흥미롭게도 뉴턴은 갈릴레이가 사망한 바로 그해인 1642년에 태어났습니다. 자신의 의견을 철회할 수밖에 없었던 갈릴레이의 간절한 염원이 바다 건너 영국으로 넘어가 뉴턴이라는 인물로 이어진 게 아닐까라는 해석을 덧붙이기도 합니다. 물론 그럴 리 없겠지만, 뉴턴의 명쾌한 법칙으로 200여 년이나 이어진 '천동설-지동설 논쟁'을 끝내고 지구의 자전과 공전이 당연한 이치가 된 것은 분명합니다. 사람들이 원하든 원하지 않든 지구는 계속 돌았고, 지금도 돌고 있으며, 앞으로도 꽤 오랫동안 계속 돌 것입니다. 역사는 갈릴레이를 탄압한 이들은 잊고 갈릴레이의 이름만 기억하니 어쨌든 최후의 승자는 갈릴레이가 아닐까요.

1550~1700년 사이 코페르니쿠스에서 시작해 뉴턴에서 마무리된 우주관의 변화를 영국의 과학사학자 허버트 버터필드(Herbert Butterfield, 1900~1979)는 '과학혁명(Scientific Revolution)'이라고 불렀습니다. 이때 과학혁명은 특정 시기의 특정 사건을 의미하는 고유명사로, 머리글자를 대문자로 표기합니다. 이는 과학 이론의 교체기에 나타난 혁명적 변화를 의미하는 토머스 쿤(Thomas Kuhn, 1922~1996)의 '과학혁명(scientific revolutions)'과는 다른 개념입니다. 17세기 전후 나타난 일련의 과학적 결과들로 경험을 강조하는 과학적 사고와 세상을 합리적으로 이해하려는 인식이 자리 잡기 시작했습니다. 인류가 오랜 종교적 세계관에서 벗어나 과학적인 세계관을 갖는 데 이 시기가 결정적인 역할을 했고, 인류 전체가 과학이라는 새로운 사고방식으로 뛰어들었기에 버터필드가 '혁명'이라는 단어를 붙여준 것이지요. 지구가 우주의 중심인지 아닌지의 문제는 모든 것에 대한 사고방식을 뒤집을 정도로 커다란 반향을 불러일으킨, 그야말로 혁명적 변화였던 것입니다.

우주정거장

뉴스나 다큐멘터리에 등장하는 국제우주정거장(International Space Station, ISS)의 가장 특징적인 모습은 바로 둥둥 떠다니는 우주인입니다. 그런데 이 모습은 사실 이상합니다. 우주정거장은 지구 상공 400km에 위치합니다. 지구의 대기권은 지표에서 1,000km 정도이니, 우주정거장이 떠 있는 위치는 지구의 중력이 작용하는 중력권에 포함되는 곳입니다. 실제로 계산해보면 지구 상공 400km 지점의 중력은 지표의 88% 정도입니다. 다시 말해 지표에서 몸무게가 50kg인 사람이 400km 상공으로 올라간다면 몸무게가 44kg으로 12% 줄어드니 조금 가뿐하게 느껴지긴 하겠지만 떠오르기에는 여전히 무겁습니다. 그런데 어떻게 우주

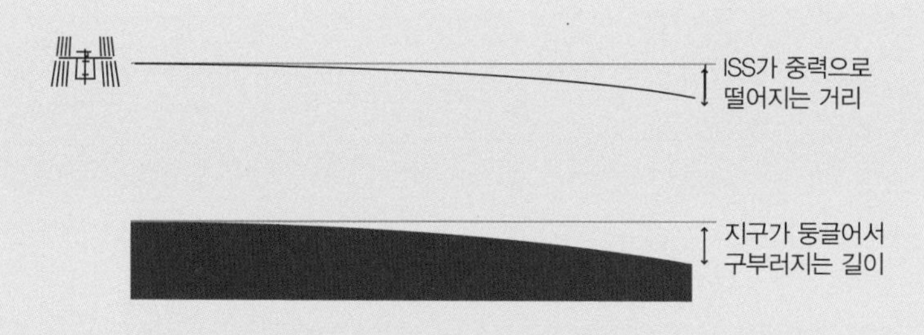

• 우주정거장에서 무중량 상태가 되는 이유.

정거장의 우주인들은 둥둥 떠오를 수 있을까요?

여기서 구별해야 하는 것이 중력과 중량입니다. 중력은 지구가 우리를 잡아당기는 힘이고, 중량은 이에 저항하는 크기입니다. 우리는 지표에서 지구의 중력을 늘 견디며 살아갑니다. 이 때문에 지구의 중력에 맞는 중량, 즉 중량감을 느끼며 살아가지요. 이 중량감은 중력에 맞설 때 가장 강해지고 중력에 맞서지 않으면 사라집니다. 그러니 지구의 중력이 잡아당기는 대로 맞서지 않고 끌려간다면 중량감은 느껴지지 않습니다.

일상에서 이를 느낄 수 있는 곳이 자이로드롭 같은 자유낙하식 놀이기구입니다. 자이로드롭은 높은 곳에 올라간 뒤 그대로 떨어지는 단순한 구조의 놀이기구인데요, 분명 아래로 떨어지는데도 다리가 저절로 올라가고 몸이 붕 뜨는 느낌이 듭니다. 배 속이 간질거리기도 하고요. 이는 중력에 저항하지 않는 자유낙하를 하면서 순간적으로 무중량 상태에 놓이기 때문에 느껴지는 현상입니다.

우주정거장은 달이 지구를 도는 원리와 마찬가지로 지표면과 평행하며 계속 떨어지도록 설계되었습니다. 이 때문에 중력에 저항하지 않아 무중량 상태에 놓이게 됩니다. 그래서 여전히 지구 중력권 내에 있음에도 불구하고, 우주정거장 내부는 중력을 느낄 수 없는 무중량 상태가 되어 사람도 물건도 둥둥 떠 있는 상태인 것이지요.

10

산다는 건 무엇일까? – 생물의 특성

세포에서 시작된 생명체

첫아이를 만난 날을 기억합니다. 갓 태어난 아기를 품 안에 안았을 때의 느낌. 너무나 말랑말랑하고 연약해 마치 푸딩 같았던 아기를 차마 꽉 끌어안지도 못했던 순간의 느낌이 아직도 손끝에 남아 있는 듯합니다. 그렇게 하나의 생명이 제게 찾아왔지요.

오래전이지만 저는 대학에서 생물학을 전공했습니다. 그런데 생물학이 무엇인지 말하라면 순간적으로 말문이 막힙니다. 물론 표준국어대사전에 따르면 생물학(生物學, biology)은 생물의 구조와 기능을 과학적으로 연구하는 학문이라고 합니다. 그 연구 대상이 되는 생물의 종류에 따라 동물학·식물학·미생물학으로 나뉘며, 대상 현상이나 연구 방법에 따라 분류학·형태학·해부학·발생학·생리학·생화학·세포학·유전학·생태학·생물 지리학·진화학 따위로 나눈다는 말도 덧붙여 있습니다. 그러나 무언가 아쉬운 설명입니다. 생물학의 대상이 되는 '생물'에 대한 설명이 빠져 있기 때문입니다. 생물이란 '생명을 가지고 스스로 생활 현상을 유지해나가는 물체'를 뜻합니다. 그래서 다른 말로 '생명체'라고도 하지요.

생물은 직관적으로 다가오지만, 막상 설명하려면 쉽지 않은 존재입니다. 어떤 것이 생물인지 아닌지는 어린아이들도 압니다. 강아지는 생물이지만 강아지 인형은 무생물이라는 것 정도는 알지요. 그렇다면 강아지와 강아지 인형의 차이는 무엇일까요? 무엇이 살아 있는 것과 그렇지 않은 것을 구분할까요? 아이들에게 이 차이를 물으면 몸이 따뜻하다, 숨을 쉰다, 움직인다, 새끼를 낳는다 등의 대답을 합니다. 하지만 물고기는 살아 있지만 몸이 따뜻하진 않습니다. 항아리도 숨을 쉬지만 생명체는 아니지요. 식물은 움직이지 않지만 확실히 생명체가 맞고, 아무리 재빨리 움직여도 로봇청소기를 생명체라고 하지는 않습니다. 암말과 수나귀 사이에서 태어난 노새는 불임이라 아무리 많은 암수 노새가 있어도 후손을 남길 수 없습니다. 그래도 노새는 생물이지요. 그렇다면 도대체 생명체란 무엇일까요?

과학자들은 오랫동안 생명체의 특성을 알아내려고 노력했고, 몇 가지 특징들을 찾아냈습니다. 첫째로, 생명체는 '세포(cell)'로 이루어진 존재여야 합니다. 세포란 '세포막으로 둘러싸이고 내부에서 물질대사와 에너지대사가 일어나는 존재'를 의미합니다. 동물이든 식물이든 미생물이든, 이들을 이루는 기본 단위는 모두 세포입니다. 때로는 대장균이나 아메바처럼 단 하나의 세포가 하나의 생명체로 기능할 때도 있고, 코끼리나 흰수염고래처럼 서로 다른 수백 종류의 세포가 수조(兆) 개쯤 모여야 개체 하나를 이루기도 하지만, 기본 구성 단위가 세포라는 사실은 변함이 없습니다.

물과 친하기도 하고 물을 싫어하기도 하다

세포가 형성될 때 가장 중요한 것은 세포막입니다. 세포막은 인지질이라는 물질이 두 겹으로 겹쳐 구형을 이루고, 여기에 군데군데 단백질 덩어리들이 박혀 있는 형태입니다. 상상하자면 안에 공기가 가득 든 공갈빵에 건포도가 박힌 모양과 비슷합니다. 이 세포막을 이루는 물질의 특징이 참 흥미롭습니다. 인지질이라고 불리는 이 물질은 다리가 둘 달린 낙지처럼 생겼는데요, 머리 부분은 물을 좋아하지만(친수성), 꼬리 부분은 물을 싫어합니다(소수성).*

* 과학 공부를 하려면 사실 한자 공부도 해야 합니다. 많은 단어들이 일본을 통해 들어왔기 때문에 한자로 옮겨진 경우가 많거든요. 친수성(親水性)은 단어 그대로 물(水)과 친한(親) 성질(性)을 말하고, 소수성(疏水性)은 물(水)을 멀리하는(疏: 멀 소) 성질(性)이란 뜻입니다.

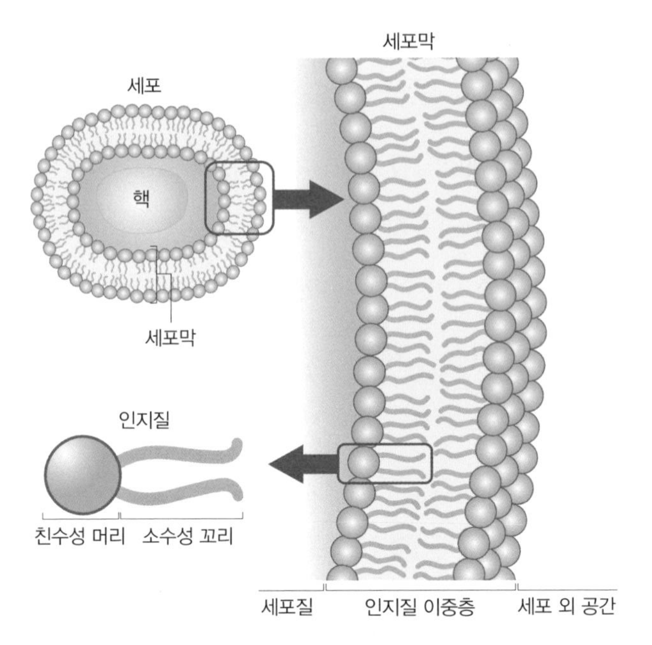

• 인지질 이중층으로 이루어진 세포막의 모습.

따라서 인지질이 물속에 던져지면 물을 좋아하는 머리야 어디에 있든 상관없지만, 물을 죽어라 싫어하는 꼬리는 어떻게든 물을 피해 보려 합니다. 하지만 물속에는 갈 데가 없지요. 그나마 물과 만나는 면적을 최대한 줄이는 방법이 자기들끼리 결합하는 것입니다. 일단 꼬리를 안쪽으로 맞대고 머리가 바깥쪽으로 드러나도록 공 모양으로 뭉칩니다. 하지만 이들이 만들어낸 공 안쪽에 여전히 물이 담겨 있으니 물을 극도로 싫어하는 꼬리들은 아직 불안합니다. 그래서 인지질들끼리 꼬리와 꼬리를 맞댄 채 이중으로 줄을 서서 그토록 싫어하는 물과 닿지 않게 합니다. 이처럼 인지질들은 물속에 아무렇게나 섞어두어도 결국 이중층을 만듭니다.

이런 형태는 물이 가득한 환경에서 물을 가득 품어도, 물을 좋아하는 머리와 물을 싫어하는 꼬리가 모두 안정된 유일한 구조입니다. 세포는 이처럼 인지질이 이중층으로 늘어서 세포막을 만들고 내부와 외부가 구별되면서 생겨납니다. 즉 세포가 아니면서 인지질 이중층으로 이루어진 구조체는 존재할 수 있지만, 세포막이 없는 세포는 존재할 수 없습니다. 세포가 언제 생겨났는지는 정확히 알 수 없지만, 아주 오랜 옛날 저 넓은 바다 어딘가를 떠돌아다니던 인지질들이 서로 달라붙어 물로 가득찬 주머니를 만들어내며 시작된 것만은 분명합니다.

참고로 인지질 외에도 친수성과 소수성을 함께 가지고 있는 분자들을 우리는 매일 사용합니다. 우리 몸과 주변을 깨끗하게 만들기 위해서지요. 비누, 샴푸, 세탁 세제, 주방 세제 등 몸과 옷과 그릇을 씻어내려고 사용하는 모든 계면활성제가 그것입니다. 계면활성제를 구성하는 분자 역시 친수성 머리와 소수성 꼬리로 이루어져 있습니다. 누군가를 싫어하면 그의 적과 손을 잡게 되듯, 소수성은 물을 싫어하는 대신 물과 섞이지 않는 기름을 좋아합니다. 때나 더러운 것은 주로 기름 성분인 경우가 많지요. 그래서 이 성질이 때를 빼는 데 매우 유용합니다.

세탁 세제를 예로 들어볼게요. 물에 세탁물을 넣고 세제를 잘 섞으면, 물속에 들어간 계면활성제의 소수성 꼬리는 물을 싫어하니 세탁물의 기름기에 다닥다닥 달라붙습니다. 세탁기를 돌려 물을 순환시키면 계면활성제의 또 다른 부분인 친수성 머리가 좋아하는 물속으로 떨어져 나가려고 합니다. 하지만 친수성 머리와 소수성 꼬리는 뱀의 머리와 꼬리처럼 하나로 이어져 있으니 같이 떨어지게 됩니다. 이 과정에서 물과 닿는 게 싫은 소수성 꼬리는 달라붙었던 기름때를 악착같이 쥔 채 떨어져 나오고요. 이렇게 기름때가 빠져서 세탁물이 깨끗해지는 겁니다. 우리 몸을 이루는 세포와 세탁용 세제가 물을 좋아하기도 하고 싫어하기도 하는 이중적 성질의 분자들에서 기원했다는 사실이 무척 흥미롭지요.

물질대사와 에너지대사를 수행하다

다시 생명체로 돌아올까요? 생명체는 세포로 이루어져 있기에 두 번째 특성 역시 세포와 연결됩니다. 모든 세포는 물질대사를 합니다. 대사(代謝, metabolism)란 그리스어로 '변화'를 의미하는 'meta-'와 '던지다'를 의미하는 'bole'이 더해진 단어로, 불필요한 것은 던져내고 필요한 것은 받아들여 변화한다는 의미입니다. 한자로도 번갈아(代) 물러나다(謝)라는 뜻으로, 물질을 번갈아 교환한다는 뜻이 담겨 있지요. 이는 신체 내에서 일어나는 물질대사가 간단한 물질을 합쳐 복잡하게 만드는 동화작용(同化作用, anabolism)과 복잡한 물질을 분해해 간단하게 만드는 이화작용(異化作用, catabolism)으로 구성되기 때문입니다. anabolism도 역시 그리스어로 '위(up)'를 나타내는 'ana-'에 '던지다'라는 뜻의 'bole'이 더해진 것이고, catabolism은 그리스어로 '아래로 던지다(throw down)'라는 뜻인 'katabol'에서 유래된 말입니다. 이처럼 동화작용은 물질을 위로 올려서 복잡하게 만드는 것, 이화작용은 물질을 아래로 던져서 조각내는 것을 의미하지요.

이는 생물체가 외부에서 받아들인 물질을 어떻게 이용하는지를 보여줍니다. 생명체는 일단 외부에서 받아들인 물질을 소화과정을 통해 잘게 쪼개어 부순 후(이화작용), 이를 재료로 다시 필요한 형태로 재합성(동화작용)합니다. 우리가 닭발을 먹는다고 손가락이 닭발처럼 변하지 않고, 푸성귀를 먹는다고 피부가 초록색으로 변하지 않는 이유가 이 때문입니다. 우리 몸은 섭취한 음식을 소화해 분자 단위로 아주 잘게 분리합니다. 단백질은 아미노산으로, 녹말은 포도당으로, 지방은 지방산과 글리세롤로 분해하고, 우리 몸은 이들을 다시 결합해 몸을 만들거나 에너지를 만드는 데 사용합니다. 예를 들어 녹말이 분해되어 나온 포도당은 세포들로 옮겨지고, 세포 속 미토콘드리아는 이 포도당을 분해해 물과 이산화탄소로 만들면서 저장된 에너지를 꺼내 우리 몸에 맞는 에너지원으로 변환시킵니다. 우리 몸은 우리가 먹은 단백질 그 자체를 이용하는 것이 아니라, 단백질을 아미노산으로 분리해 우리 몸에 필요한 단백질로 다시 합성하는 것이지요. 그러니까 생명체는 뛰어난 DIY 전문가입니다. 외부에서 물질을 받아들여 일단 분해한 뒤, 이를 다시 자신에게 맞게 조립해 살아가니 말이지요.

하나 덧붙이자면 물질대사의 과정은 대부분 에너지대사가 따릅니다. 무엇을 하든 힘이 드는 것처럼 말이죠. 예를 들어, 식물이 이산화탄소와 물을 이용해 복잡한 구조의 포도당을 합성할 때(동화 작용)는 빛 에너지가 필요합니다. 식물은 반드시 빛이 있어야 포도당을 합성할 수 있지요. 이렇게 합성된 포도당은 애초에 에너지를 투입해 만들었기 때문에, 속에 여전히 에너지가 들어 있습니다. 그래서 우리 몸을 구성하는 세포들은 포도당을 다시 물과 이산화탄소로 분해하고 에너지를 꺼내 쓰는 것이지요. 이렇게 에너지가 들고 나는 과정을 에너지대사라고 합니다.

여담이지만, 옛날 옛적 못 먹던 시절에는 기력을 잃고 쓰러진 사람에게 설탕물을 먹이기도 했습니다. 설탕은 당 분자 2개가 결합한 '이탄당'이어서 딱 한 번 쪼개면 바로 에너지를 뽑아 쓸 수 있는 포도당이 나옵니다. 에너지가 부족해 지친 세포들에게 에너지를 쉽게 보급해줄 수 있는 물질인 거지요. 이런 설탕을 요즘에는 너무 쉽게 분해되어 너무 많은 에너지를 준다는 이유로 비만과 성인병의 주범이자 만병의 근원으로 몰아가니 아이러니하지요. 어쨌든 생명체라면 생김새가 어떠하든 어디에 살든 간에 물질대사와 에너지대사를 수행합니다. 만약 생물체 내에서 물질의 합성과 분해가 일어나지 않아 에너지의 흐름이 생겨나지 않는다면, 이 생명체는 더 이상 살아 있다고 할 수 없습니다.

 외부 자극을 인식하고 이에 반응하다

세 번째로, 살아 있는 생물은 외부 자극을 인식하고 이에 반응합니다. 고양이의 동공은 밝은 곳에서는 세로로 가늘어지지만 어두운 곳에서는 동그랗게 커다래집니다. 안구로 들어가는 빛의 양을 일정하게 조정하는 홍채가 움직이기 때문인데요, 그 과정에서 따라오는 귀여움은 덤이지요. 비단 동물만이 아닙니다. 식물은 광합성을 위해 빛이 내리쬐는 방향으로 잎을 무성하게 피웁니다. 미생물은 각각의 성질에 따라 빛이 있는 곳으로 모여들거나 몸을 피하지요. 그런데 생명체들이 외부 자극을 이토록 민감하게 인식하고 이에 맞춰 반응하는 이유는 무엇일까요? 바로 신체의 항상성(恒常性, homeostasis)을 유지하기 위해서입니다.

항상성이란 생명체가 여러 환경 변화에 대응해 내부 상태를 일정하게 유지하려는 현상이나 상태를 말합니다. 예컨대, 사람의 몸은 외부의 기온과 상관없이 체온을 36.5℃로, 혈액 내 pH는 7.4를 항상 유지해야 합니다. 일시적으로 체온이 1~2℃ 정도 오르내릴 수 있고, pH도 7.35~7.45까지 변하기는 하지만, 이 범위를 넘어간 상태가 오

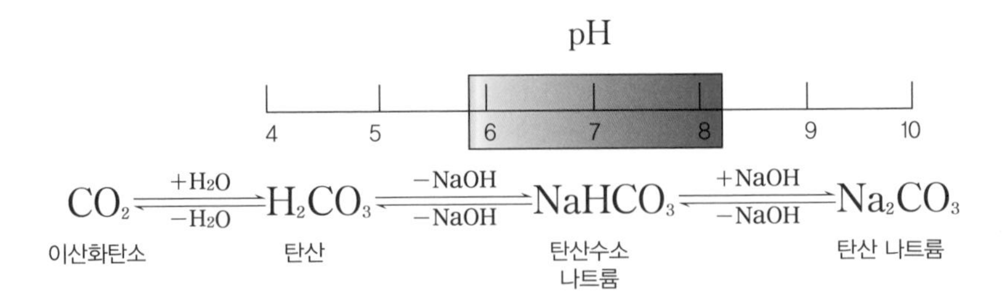

• 혈액의 항상성으로 인해 혈액 pH는 항상 7.4로 일정하다.

래 이어지지는 않습니다. 사람의 체온과 산성도가 일정 범위 내에서 늘 미세하게 조정되는 이유는 우리 몸이 기본적으로 단백질에 기대는 바가 크기 때문입니다. 신체에서 다양한 대사 활동을 조정하는 수많은 효소는 대부분 단백질로 구성되어 있는데, 이 단백질은 온도와 산성도에 매우 민감하게 반응합니다. 달걀을 가열하면 점액질 상태의 흰자와 노른자가 고체가 되어 굳고, 우유에 식초를 떨어뜨리면 단백질이 몽글몽글 엉깁니다.

효소들이 기능하지 못하면 신체는 정상적인 대사 활동을 수행할 수 없게 되고, 결국 그 개체는 죽게 됩니다. 따라서 우리 몸은 기온이 올라 체온이 높아질 가능성이 보이면, 이를 자극으로 인식하고 항상성을 유지하려고 합니다. 피부 근처 혈관을 확장시켜 체열의 발산을 유도하고, 온몸에서 땀을 내 기화열로 체온을 낮추려 하지요. 혈액 내 pH 조절도 마찬가지입니다. 혈액의 pH가 높아지면(알칼리성이 되면) 우리 몸은 이산화탄소와 물을 반응시켜 탄산을 만들어내 pH를 조절합니다. 반대로 혈액의 pH가 낮아지면(산성이 되면) 탄산을 다시 분해해 이산화탄소와 물을 만들어냅니다. 신장은 과다 생성된 수소 이온이나 탄산 이온을 몸 밖으로 배출해 pH가 일정하게 유지되도록 하고요. 이처럼 신체의 항상성을 유지하고자 하는 열망이 생물체가 자극을 인식하고 적절하게 대응하도록 만듭니다. 식물도 자신을 뜯어먹는 동물이 다가오면 쓴맛이 나게 만들거나 독을 지닌 물질을 분비해 반응하기도 합니다.

세포를 복제하고 번식하다

네 번째로 살아 있는 생물들은 세포를 복제하고 번식할 수 있습니다. 세포는 이분법을 통해 숫자를 불려나갑니다. 세포가 적당히 자란 뒤에는 성장을 멈추고 세포 내부에 있는 것을 두 배로 불립니다. 이때 유전 물질인 DNA도 두 배가 되고, 세포 내 소기관인 미토콘드리아의 숫자도 늘어납니다. 두 배로 불어난 유전 물질을 두 몫으로 나눈 세포는 이에 맞춰 몸을 둘로 쪼갭니다. 이때 몸이 말랑말랑한 동물세포는 고무찰흙을 나눌 때처럼 양쪽으로 주욱 늘어나다가 분리되고, 딱딱한 세포벽을 가진 식물세포는 가운데에 차단막을 만들어 세포를 둘로 분리합니다. 단세포생물이라면 세포 분열 자체가 개체 수를 늘리는 번식 방법이 됩니다. 다세포생물이라면 세포 분열로 몸이 성장(분열하는 세포가 죽는 세포보다 많은 경우)하거나 유지(분열하는 세포와 죽는 세포가 균형을 이루는 경우)하게 되고요.

그중 다세포생물이면서 암수가 나뉘어 유성생식을 하는 경우에는 일반적인 세포 분열과는 다른 형태를 보이기도 합니다. 바로 '감수분열'인데요. 생식세포인 정자와 난자를 만들 때 일어납니다. 감수분열(減數分裂)은 세포 속에 든 염색체의 수(數)가 줄어드는(減) 형태의 분열을 말합니다. 유성생식을 하는 종들은 서로의 세포를 하나로 융합시켜 수정란을 만들어 번식하는데요, 이때 일반적인 세포를 합치면 한 번 번식할 때마다 유전 물질이 두 배가 되는 불상사가 일어납니다. 따라서 생식세포만큼은 원래 가져야 할 유전물질의 절반만 지니도록 만듭니다. 일반적인 세포분열과 감수분열의 과정은 비슷합니다.

차이는 휴지기의 여부에 있습니다. 보통은 한 번 분열한 세포는 일시적으로 휴지기를 가집니다. 다음번에 또 분열하려면 세포 안에 든 내용물을 두 배로 불려놓아야 하거든요. 마치 아이가 다 커서 독립하면, 새 집에 세간을 또 들여야 하는 것처럼 말이지요. 그러나 감수분열은 세포분열이 한 번 일어난 직후, 휴지기 없이 한 번 더 세포분열이 일어납니다. 두 번째 분열에서는 세포의 내용물이 불어날 시간이 없으니 그냥 절반으로 쪼개지고요. 따라서 유전물질의 양도 절반으로 줄어들게 됩니다.

유전되고 진화하다

생물의 마지막 특성은 유전과 오랜 세월을 거친 진화입니다. 생명체라면 DNA 형태로 이루어진 유전물질을 가집니다. 유전이란 부모의 유전물질이 복제되어 자손에게 전해지는 것이지요. 복제는 대부분 매우 정확히 이루어집니다. 그래서 자식은 부모를 닮습니다. 수천 년 혹은 수만 년에 이르는 긴 세월 동안 고양이는 고양이를 낳고 개는 강아지를 낳지만, 고양이가 강아지를 낳는 일은 없습니다.

그런데 유전물질을 정확히 복제하는 일은 쉽지 않습니다. 유전물질이 지닌 정보가 너무 많기 때문이지요. 그래서 유전물질을 복제하는 과정에서 우연한 실수들이 발생합니다. 영어사전 한 권을 펜으로 옮겨 쓴다고 해봅시다. 아무리 세심히 주의를 기울이더라도 몇 번씩은 틀리겠지요. 일반적으로 사전에 기록된 단어는 30만에서 100만 개 정도 됩니다. 이렇게 단어가 많은 사전을 일일이 베껴 쓴다면 아무리 주의해도 몇 군데에 오타가 생기기 마련이죠. DNA는 이보다 훨씬 많은 정보를 담고 있습니다. 인간의 유전물질은 약 30억 쌍의 염기 서열로 구성되어 있습니다. 따라서 세포 하나가 복제된다는 건 30억 쌍의 DNA 염기 서열을 고스란히 복제해야 한다는 겁니다.

유전물질을 복제하는 DNA 복제 효소는 약 10만 번에 1회씩 실수합니다. 복제는 99.999%의 정확도를 가지는 매우 정교한 과정이지만, DNA가 워낙 길기 때문에 확률이 100억 분의 1이라도 한 번 복제할 때 약 3만 번의 오류가 발생한다는 말입니다. 다행히 우리 세포 속에는 DNA 복제 효소가 실수해도 이를 찾아내 교정하는 또 다른 효소들이 존재하니 실제 오류 발생률은 이보다 월등히 낮습니다. 그래도 여전히 몇몇 실수들은 고쳐지지 않고 남겠지요. 이런 현상이 수백만 년 되풀이되다 보면 유전물질은 이전과는 달라지고, 이를 통해 새로운 생물 종으로의 진화가 일어납니다.

앞서 말한 생명체의 특징을 종합해보면, 생명체란 세포막으로 둘러싸인 하나 또는 여러 세포로 구성된 존재로, 물질대사와 에너지대사를 통해 생장하며, 체내의 항상성을 유지하기 위해 자극을 인식하고 이에 적절하게 반응하는 존재들입니다. 더불어 생식과 발생을 통해 다음 세대를 만들어내고, 다음 세대에 종의 특징을 물려주는 동시에 다양한 유전적 변이를 만들어 진화하는 존재이지요. 생명체의 특징이 가진 가장 큰 공통점은 끊임없이 변화한다는 것입니다. 생명체는 역동적이고 늘 변화합니다. 생명체가 이 모든 활동을 멈추는 경우는 생명을 잃고 죽음을 맞이할 때뿐입니다. 생명체의 가장 근본적인 속성은 끊임없이 움직이고 활동한다는 것입니다. 그래야 생명체는 살아갈 수 있습니다. 흐르는 물은 늘 맑지만, 고인 물은 항상 썩는 것처럼요.

11

경쟁과 공존, 그 사이에서 – 생물의 진화

진화의 개념과 생물의 다양성

제가 사는 동네 근처에 유명한 학원가가 있습니다. 늦은 밤, 학원이 끝날 시간인 밤 10시면 학원가 앞은 아이들을 태우러 온 부모들의 차량과 학원 버스들이 뒤엉켜 때늦은 교통 대란이 일어납니다. 언제부턴가 아이들은 아침 9시부터 밤 10시까지 회색 건물에 갇혀 경쟁을 강요받고 있습니다. 오래전 지긋지긋한 쳇바퀴에서 치를 떨던 이들도 부모가 되면, 피할 수 없는 운명인 듯 아이들을 그 자리에 밀어 넣습니다. 그러면서 짐짓 깨달은 양 이렇게 말합니다. 다윈의 진화론에 따르면 자연은 적자(適者)와 강자(强者)만의 것이니 이 사회에서 살아남기 위해서는 어쩔 수 없다고요.

자연의 경쟁 구도는 약육강식(弱肉强食)과 적자생존(適者生存) 원리로 이루어져 있으니, 인간도 살아남으려면 남에게 먹히지 않는 강자가 되어야 하고, 그러기 위해서는 끊임없이 경쟁해야 한다고 말합니다. 그런데 문제는 현실에서 적자가 소수에 불과하다는 겁니다. 만약 이 말이 진실이라면, 세상은 1%의 강자와 99%의 약자로, 혹은 1%의 성공한 승리자와 99%의 실패한 패배자로 구성된 곳입니다. 1%의 강자에게 99%에 달하는 약자가 모두 먹잇감으로 던져진 형국이고요. 극히 소수의 승리자만 양산해내는 시스템, 이것이 정말 자연이 우리에게 주는 교훈일까요?

사람들은 흔히 인간 사회에서 보이는 경쟁 구도를 설명하기 위해 찰스 다윈(Charles Robert Darwin, 1809~1882)의 '진화론'을 끌어옵니다. 약육강식과 적자생존의 원리가 세상에 존재하는 모든 부조리와 불평등의 근원인 양 받아들이고, 진화론은 이를 정당화시키는 논리로 여깁니다. 하지만 과연 그럴까요? 사실 진화론만큼 오해를 많이 받는 과학 이론도 드뭅니다. 오죽했으면 '호전적 진화론자' 리처드 도킨스도 저서 『눈먼 시계공』에서 "누구나 진화론에 대해서 안다고 생각하지만, 실제로 진화론을 '정확히' 아는 이는

• 진화론의 아버지 찰스 다윈.

드물다. 이것이 진화론이 19세기 이후 150여 년간이나 사회에서 가장 첨예한 과학 논쟁이 된 이유다"라고 탄식했을까요.

사전에는 '진화(進化)'가 생물 집단이 여러 세대를 거치면서 변화를 축적해 집단 전체의 특성을 변화시키고, 나아가 새로운 종의 탄생을 야기하는 자연 현상을 가리키는 생물학 용어라고 나옵니다. 대중에게 이 진화론을 각인시킨 최초의 인물로 19세기 영국의 생물학자 찰스 다윈이 주로 지목됩니다. 저서 『종의 기원』이 생물 진화에 대한 과학적 분석을 제시한 기념비적인 책이었거든요.

그런데 후대에 '진화론의 아버지'로 추앙받는 다윈은 정작 책 속에서 '진화(evolution)'라는 단어를 쓰는 것조차 극히 자제했습니다. evolution이란 단어 자체에 담긴 '나아가다' 또는 '발전하다'라는 뉘앙스 때문이었습니다. 비슷한 단어인 involution은 '퇴화'라는 뜻입니다. 우리말로 번역된 '진화'도 '나아가며 바뀌다'라는 뜻으로 전진, 혹은 개선(改善)의 의미가 담겨 있습니다. 따라서 다윈은 진화라는 말 자체가 오해를 불러일으킬 수 있으리라 여겼고, 초기에는 진화라는 말 대신 '변이를 수반한 유전'이라는 말을 썼습니다. 그리고 그의 우려는 정확히 맞아떨어졌지요.

실제로 진화에 방향성과 목적성, 우열 관계가 존재한다고 오해하는 사람이 많습니다. 세월이 지날수록 생명체는 이전보다 더 '훌륭한' 것이 되어 이상적인 생명체의 모습에 한 발짝씩 가까워지며, 하등한 존재는 진화를 거쳐 고등한 존재로 발전한다는 것이지요. 얼핏

ⓒ charles J Sharp

• 꽃의 꿀을 먹고 사는 데 유리하게 진화한 벌새.

보면 생명체들이 진화를 거쳐 단순한 존재에서 복잡한 존재로, 미숙한 개체에서 성숙한 개체로 바뀌는 듯하니 진화가 발전과 개선의 의미를 내포하고 있다고 생각하기 쉽습니다. 하지만 생물의 진화는 '환경에 더 잘 적응한 개체가 선택되는 방식'으로 이루어져왔기 때문에 일어나는 결과일 뿐, 애초에 그런 결과를 염두에 두고 짜여진 것은 아닙니다.

벌새를 한번 살펴봅시다. 꽃의 꿀을 먹고 사는 벌새는 초당 수십 회가 넘는 날갯짓으로 꿀을 빠는 동안 정지 비행을 할 수 있고, 길고 가느다란 부리 덕에 꽃 속 깊이 머리를 넣지 않아도 식사가 가능합니다. 그야말로 꽃의 꿀을 먹기 위해 최적화된 신체처럼 보이지요. 벌새의 이런 모습은 꿀을 빠는 데 가장 편리한 신체적 조건을 설정하고, 의도적으로 이 방향으로 진화해온 듯 보이기도 합니다. 결론부터 말하자면 절대 아닙니다. 오래전 벌새는 지금과는 조금 달랐겠지요. 꽃 속의 꿀을 먹으려면 부리는 가늘고 길수록, 오랫동안 몸을 움직이지 않는 정지 비행을 할수록 유리한 건 분명합니다. 그러니 초기 벌새의 자손 중에는 다른 것들에 비해 좀 더 부리가 길고, 정지 비행을 좀 더 잘할 수 있는 자연적인 돌연변이 개체들이 분명히 있었을 겁니다. 반면 다른 형제자매보다 부리가 짧고 날갯짓을 못하는 개체도 있었을 거고요. 같은 부모에게서 태어난 피붙이라도 키가 좀 더 크거나 작은 아이가 있는 것처럼 말입니다.

이렇듯 처음에는 다양한 변이를 가진 개체들이 태어납니다. 그중에서 환경에 유리한 특성을 가진 개체들이 확률적으로 좀 더 오래 살아남아 좀 더 많은 자손을 남겼을 것이고, 이런 현상이 오랜 세월 거듭되면서 벌새는 꽃의 꿀을 따는 데 가장 효과적인 특성을 지니게 된 것뿐입니다. 하지만 실제 진화는 목적성이 없으며 반드시 '개선'되는 것도 아닙니다. 진화가 모두 '개선'되는 방향으로 일어난다면, 어두운 동굴에 사는 동물들의 눈이 퇴화된 것을 설명할 수 없습니다. 만약 개선되었다면 동굴 속 동물들의 눈은 어두운 곳에서도 잘 보이도록 변모되어야 했겠지요. 모든 것은 자연의 선택에 따른 우연한 변화의 연속일 뿐, 거기에 숨은 의도 따위는 전혀 없습니다.

진화에 목적성이나 이상향이 없다는 것은 곧 진화의 산물인 생명체들을 어느 게 더 고등하고 어느 게 더 저급한지를 가를 기준도 존재하지 않는다로 이어집니다. 흔히 우리는 인간을 '만물의 영장'이라

하고, 생물체 가운데 가장 고등한 존재로 여깁니다. 하지만 모든 생명체는 자신이 처한 환경에서 최적의 상태로 변화해왔을 뿐입니다. 가장 고등한 존재라는 인간도 물속에 들어가면 단 5분을 견디지 못하고 죽고 맙니다. 멍청함의 대명사로 불리는 금붕어나 뇌가 존재하나 싶은 해파리도 물속에서 쉽게 살 수 있는데 말이지요. 물속에서 인간은 고등생물이기는커녕 '하등' 생물도 다 할 줄 아는 수중 용존 산소 이용법도 알지 못하는 부적격자일 뿐입니다. 따라서 생물체를 수직선상에 놓고 우열을 가르는 일은 애초에 의미가 없습니다. 생물체들은 그저 처한 다양한 환경에서 가장 잘 적응하도록 변화했기 때문이지요.

사실 다윈이 가장 주목한 것은 생물체에 일어나는 '변이의 다양성'이었습니다. 초기에 변이로 인한 차이는 거의 눈에 띄지 않을 정도지만, 오랜 세월 변이가 누적되면 어느 순간 눈에 띄는 차이가 나타나게 됩니다. 그리고 이것이 특정 생물종의 특징으로 자리 잡습니다. 다윈은 변이가 누적되면서 환경에 잘 적응하는 방식으로 점차 변화되어간다고 생각했습니다. 그러나 다윈은 이 적응 방식이 오로지 '한 가지'뿐이라고 말한 적이 없습니다. 오히려 자연선택의 다양성에 더 많은 주의를 기울였습니다. 더 구체적으로는 "변화는 생명체가 환경에 더욱 잘 적응하기 위해서, 번식 행위를 통해 우연히 이루어진다. 그 과정에 어떤 외부의 힘(신의 의지)이 개입하지 않으며, 모든 생명체는 우열이 없다"라고 썼습니다. 이 글 어디에도 약한 것이 강한 것보다 열등하고, 강자가 약자를 짓밟아도 좋다는 의미가 담겨 있지 않습니다. 다윈이 생물종을 관찰하며 내린 결론은 생물체를 있게 한 원동력은 환경에 적응하며 얻게 된 '다양성'이라는 것입니다. 이 다양성을 바탕으로 자연은 그 순간 가장 적합한 개체를 선택(natural selection)하고 번식에 약간의 유리함을 더해줄 뿐입니다.

경쟁을 넘어선 공존

세상에는 늘 자원보다 이를 원하는 존재가 더 많아서 같은 자원을 두고 여러 생물종의 경쟁이 필연적으로 일어납니다. 애초에 생물들도 가용할 자원으로는 감당되지 않을 정도로 많은 자손을 낳는 경우가 허다합니다. 처음 다윈도 이 점이 궁금했습니다. "왜 생물들은 부모나 주변 환경이 감당할 수 있는 것보다 훨씬 더 많은 자손을 낳아 필연적으로 일부(혹은 거의 전부)를 도태시키는 방식을 취할까?" 애초에 생물종의 개체는 경쟁을 담보하고 태어나는 듯 보입니다. 그래서 강자가 전부를 가지고(약육강식), 승자가 모두 독차지하는(승자독식) 것이 너무 '자연스러운' 일처럼 느껴집니다. 하지만 생물들이 서로 다른 종을 없애고 모든 자원을 차지하려고 욕심을 부리는 건 아닙니다. 실제로 많은 생물종이 서로를 내쫓기 위해 싸움을 벌이기보다는 서로 공존하는 방식을 찾습니다. 그래서 경쟁보다는 공생이 진화의 원동력이라고 주장하는 학자도 많습니다.

• 공생진화론을 주장한 린 마굴리스.

생물학자 린 마굴리스(Lynn Margulis, 1938~2011)도 공생진화론을 주장하는 학자입니다. 생명체들은 한정된 자원을 놓고 서로 경쟁하기도 하지만, 생각보다 훨씬 자주, 더 많이 한 발 물러서서 협력과 상부상조 전략을 추구한다고 말합니다.

익히 알려진 공생생물로 지의류(地衣類)가 있습니다. 얼핏 보기에는 이끼처럼 보이지만 균류(菌類)와 조류(藻類)가 한데 어우러진 공생체입니다. 보통 조류는 광합성으로 포도당을 합성한 뒤 이를 나눠주며 균류의 생존을 돕습니다. 조류에게 포도당을 넘겨받은 균류는 공기 중 수분을 흡수해 조류에게 공급하고 공기 중에서도 생존할 수 있도록 돕거나 조류의 포자 방출을 거들기도 합니다. 지의류의 공생 관계는 너무도 밀접해 이 둘을 분리하면 생존이 어려울 정도로 서로 의존도가 강합니다. 마치 균류와 조류가 합쳐서 진화한 새로운 생물종이라고 생각될 정도지요.

마굴리스는 우리의 세포 자체가 공존의 결과라고 주장하는 '내부공생설(endosymbiosis)'로도 유명합니다. 대부분의 생물체에서 몸을 구성하는 유전물질은 모두 세포 깊숙한 곳에 존재하는 세포핵 내부에 존재합니다. 그런데 특이하게도 세포 내 소기관인 미토콘드리아도 자체적인 유전물질을 가집니다. 다른 세포 내 소기관인 리보솜이나 소포체 등에서는 나타나지 않는 현상입니다. 미토콘드리아의 유전자는 세포핵 속 유전자와는 상당히 다른 특성을 보이며, 개체가 분열할 때도 따로 복제되어 전달됩니다. 미토콘드리아는 마치 세포라는 나라에 이민을 왔지만 고유의 전통문화를 지키는 이민자처럼 행동하는 것이지요. 이에 마굴리스는 미토콘드리아가 우연한 기회에 다른 세포에 유입된 공생체라고 주장합니다.

먼 옛날 한때 미토콘드리아는 유산소 호흡이 가능해 높은 에너지 효율을 자랑하는 독립 생명체*였지만, 우연히 산소를 이용하지 못하는 단세포 생물에게 먹히면서 이야기가 시작되었을 겁니다. 미토콘드리아의 조상을 잡아먹은 우리 조상 생명체는 이들의 높은 에너지 효율에 반해, 평소처럼 녹여서 소화시키지 않고 체내에 살게 하고 영양분을 공급해주는 대신 에너지를 얻게 됩니다. 이렇게 미토콘드리아는 세포 내부에 살며 외부의 천

* 생명체가 살아가는 데 꼭 필요한 에너지인 ATP(아데노신 3인산)는 포도당을 분해해 만들어집니다. 이때 산소를 이용해 포도당을 분해하면 38개의 ATP가 만들어지지만, 산소를 이용하지 않으면 2개 정도의 ATP를 얻는 데 그칩니다. 따라서 산소를 이용해 포도당을 분해하는 것이 훨씬 효율이 높지만, 불행하게도 이 과정에서 만들어지는 반응성 산소종은 생물체에 치명적이어서 이를 제거할 항산화제를 갖추지 못한 생명체는 산소를 이용할 수 없습니다.

적에게서 보호와 양분 제공을 약속받은 대신 에너지를 내어주는 형태의 공생 관계를 유지하게 되었다는 게 내부공생설의 골자입니다.

조금만 눈을 돌려도 생물들 사이의 공생공존 전략이 무척 많이 발견됩니다. 지금 이 순간 여러분의 배 속에서도 일어나고 있답니다. 보통 성인의 경우, 장내에 약 1kg 정도, 개체수로만 따지면 인간의 몸 전체를 이루는 세포의 숫자보다 많은 미생물을 보유하고 있습니다. 종류도 다양해 500~1,000종이나 되지요. 얼핏 보면 몸속에 사는 미생물들은 안전한 거주지에서 인간이 섭취한 에너지를 가로채며 살아가는 강탈자처럼 보입니다. 어쩌면 미생물들이 처음 인간의 몸속으로 들어왔을 때는 일방적인 이득 관계였을지도 모릅니다. 하지만 적어도 지금은 미생물들이 인간의 생존과 건강 유지에 매우 중요한 역할을 하고 있습니다. 이처럼 우리 몸에서 동거하는 세균을 '정상세균'이라고 합니다. 정상세균은 여러모로 인간의 효율적인 동반자 구실을 합니다.

일단 정상세균은 장의 내부 점막에 코팅제를 입힌 듯 빽빽하게 자리를 잡고 있습니다. 별로 해롭지 않은 세균들이 장의 점막을 먼저 선점해 음식물에 섞여 들어온 살모넬라균이나 기타 해로운 균이 장의 점막에 달라붙는 것을 막습니다. 일종의 텃세를 부리는 것이지요. 신생아는 장내에 어떤 균도 가지지 않은 상태에서 태어나지만, 출생과 동시에 아기의 몸속에 정상세균들이 자리를 잡게 됩니다. 아기들은 중이염이나 인후염 치료를 위해 항생제를 먹고 종종 설사를 하는

데요. 아직 장내 정상세균이 완벽히 자리 잡지 못한 상태라 항생제로 인해 질병의 원인균뿐 아니라 정상세균도 사멸하면서 일어나는 증상입니다. 성인은 정상세균들이 한 겹이 아니라 두꺼운 층을 이루며 존재하므로 몇 번의 항생제 복용으로도 정상세균이 모두 죽지는 않고 사멸했다 치더라도 단시일 내에 복구됩니다. 그러나 아기는 이 공생 관계가 아직 불안정해서 불편함을 겪습니다.

또 장내 세균은 면역학적으로도 중요한 역할을 합니다. 아무리 장내 세균이 크게 해롭지 않더라도 우리 몸 입장에서는 어디까지나 남입니다. 그래서 정상세균이 인접한 장 점막의 면역 세포는 늘 활성화된 상태를 유지하기 때문에 병원성 세균이 유입되었을 때 더 신속하고 강력하게 대응할 수 있습니다. 한때 침입자였던 세균들에게 살 곳과 먹을 것을 내어주는 대신 일종의 문지기와 모의 전투용 상대로 이용하는 것을 보노라면, 적군도 회유해 자신의 편으로 만드는 전략이 절묘하다고밖에는 할 말이 없습니다. 사회가 약육강식과 적자생존의 논리에만 휘둘리고 있다고 생각한다면, 생명체 중에서 가장 뛰어난 지적 능력을 소유하고 있다며 자랑하는 인간이 실은 몸속에서 반복되는 일상조차 깨닫지 못하는 셈이지요.

다시 다윈의 이야기로 돌아올까요? 다윈은 1836년부터 22년간이나 진화에 대해 연구합니다. 하지만 자신의 생각을 정식 논문으로는 발표하지 않았습니다. 그러다 1858년, 그에게 한 통의 편지가 도착합니다. 아마존과 말레이군도에서 생물 연구를 수행하던 젊은 연

• 찰스 다윈과 진화론 논문의 공동 저자인 앨프리드 러셀 월리스.

구자 앨프리드 러셀 월리스(Alfred Russel Wallace, 1823~1913)가 보낸 편지였지요. 월리스는 오래전부터 다윈이 생물의 변화를 연구하고 있다는 사실을 알고는 조언을 구하고자 한 것이지요. 월리스의 편지를 받은 다윈은 크게 놀랍니다. 이 젊은 학자가 내린 결론과 자신이 오래도록 한 연구가 거의 일치했거든요.

세상은 2등을 기억하지 않습니다. 언제나 사람들의 기억에는 1등의 이름만 남고, 역사는 승자만 기록합니다. 학계도 예외는 아니라, 어떤 학설에 자신의 이름을 붙일 수 있는 영광은 최초 발견자나 설립자에게만 주어지지요. 만약 다윈이 '인간적'인 방법에만 치중한 사람이었다면 약육강식의 원리에 따라 월리스를 어떻게든 학계에서 쫓으려 했을 것입니다. 다윈은 연륜이나 연구 경력, 수집된 자료를 비롯해 재력과 사회적 지위도 월리스보다 월등했기 때문에 마음만 먹으면 어렵지 않게 월리스를 학계에서 매장시키고 연구 결과를 단독으로 발표할 수도 있었습니다. 그러나 다윈은 생태계와 생물들의 상호 관계에 조예가 깊었고, 생명체들이 반드시 약육강식의 원리에 지배받지 않는다는 것을 잘 알고 있는 사람이었지요. 그는 월리스의 연구 결과가 자신의 것과 유사함을 인정하고, 월리스를 기꺼이 동료로 받아들이며 진화론에 대한 첫 논문의 공동 저자로 인정합니다. 후세 사람들은 이를 두고 매우 '신사적'으로 행동했다고들 하지만, 다윈이 최적의 결과를 가져올 전략이 무엇인지 본능적으로 깨달았다는 생각이 듭니다.

지금은 어떤가요? 사람들은 다윈의 이름만 기억할 뿐, 월리스는 잘 모릅니다(물론 후에 월리스가 다윈과는 다른 진화론적 주장을 펼쳤기 때문에 학문적으로 갈라지긴 했습니다). 세상은 누가 더 많이 연구하고 누가 더 많이 기여했는지 억지로 주장하지 않아도 알아챕니다. 만약 다윈이 약육강식의 원리에 따라 월리스를 짓밟으려 했다면, 당시에는 성공했을지 몰라도 역사는 다윈을 후배 연구자의 공로를 가로챈 파렴치한으로 기억했을 겁니다. 다윈은 경쟁과 배제 대신 공존과 화해를 선택했고, 그 선택이 다윈의 이름을 영원히 빛나게 만든 것이지요.

이처럼 진화론은 태생부터 경쟁보다는 공존에 바탕을 두고 있었음에도, 우리는 오래도록 이를 알아차리지 못하는 실수를 저질렀습니다. 지난 세기에 우리는 제국주의의 확장과 무한 경쟁의 결과가 어떤 비극을 가져오는지 익히 경험했지요. 그럼에도 불구하고 아직도 약육강식과 적자생존이라는 비정한 논리에서 벗어나지 못하고 있습니다. 그만큼 우리에게 드리워진 악령의 뿌리가 깊은 것이지요. 하지만 이제 세상은 변하고 있습니다. 한번 생각해봅시다. 획일성과 경쟁, 반목과 투쟁의 세계가 좋은지, 다양성과 화합, 공존과 더불어 사는 삶이 좋은지를요. 생명체들이 이미 태곳적부터 체득하고 겪어 온 방식의 가치를 우리는 너무 늦게 깨달은 게 아닐까요.

12

점점 크게, 점점 작게 - 생태계의 균형

덩치가 점점 커지는 쪽으로 진화하다

아이가 학교에 입학했습니다. 그리고 마치 공식처럼 같은 반 아이들과 축구팀을 짜기 시작했습니다. 제가 어릴 적에는 뛰어난 자질을 가져 운동선수가 될 몇몇 아이들을 제외하고는 따로 운동을 배우지 않았습니다. 아이들은 공터에 모여 우르르 몰려다니면서 공을 차며 축구를 배웠고, 나무 막대기로 고무공을 치며 야구 흉내를 냈습니다. '얼음땡'이나 술래잡기를 하면서 달리기 연습을 했고요. 하지만 요즘 아이들은 초등학교 저학년 때부터 유소년 축구클럽에서 전문 코치에게 축구를 배우고, 더 자라서 두 손으로 농구공을 잡아 골대에 던질 수 있게 되면 실내 코트로 가서 전문가에게 농구를 배웁니다. 줄

넘기, 인라인스케이트, 티볼(투수가 없는 야구형 스포츠)도 방과 후 수업이나 생활체육 교실에서 전문 선생님에게 배우지요. 부모들은 정해진 코스처럼 실내 축구장과 음악줄넘기 교실에서 시작해 수영장과 농구 코트로 아이들을 태워 나릅니다. 특히 몇 년 전부터는 줄넘기와 트램펄린을 이용한 운동이나 요가와 발레가 성장판을 자극하고 팔다리의 균형을 맞춰 키 크는 데 도움이 된다고 해서 인기가 높아졌습니다.

그러고 보면 우리나라 국민들의 키가 그동안 참 많이 커졌습니다. 2016년 영국의 임페리얼칼리지의 공중보건팀은 지난 100년간 전 세계 200개국의 남녀 평균 신장 변화를 조사했습니다. 그 결과, 평균 키가 가장 많이 커진 국민으로 한국인이 꼽혔다고 합니다. 2014년 기준으로 우리나라 사람들의 평균 키는 남성 174.9cm, 여성 162.3cm라고 합니다. 각각 세계 51위와 55위를 기록했는데, 200개국 기준으로 본다면 상당히 큰 편에 속합니다. 더욱 놀라운 점은 평균 키 자체가 아니라 평균 키의 변화 정도입니다. 1914년 자료를 보면 당시 우리나라 남성의 평균 키는 159.8cm, 여성은 142.2cm로 거의 세계 최하위권이었습니다. 그런데 100년 만에 남성은 평균 15.1cm, 여성은 무려 20.1cm나 커진 겁니다. 특히 한국 여성의 평균 키는 200개국을 통틀어 가장 큰 변화 폭을 보였습니다.

생태계의 모든 생물은 한정된 자원을 놓고 경쟁하며 살아갑니다. 자원을 충분히 확보하면, 즉 먹잇감을 충분히 확보하면, 원활한 영양

공급으로 개체의 덩치가 커집니다. 커진 덩치는 다른 경쟁자를 물리치는 유리한 요소가 됩니다. 그래서 기본적으로 진화의 무게 추는 생물체들이 점점 더 커지는 쪽으로 기울기 마련입니다. 이는 육식동물뿐 아니라 초식동물도 마찬가지입니다. 코끼리는 초식동물이지만 다 자라면 사자도 함부로 덤비기 힘든 무적의 존재가 됩니다. 5t에 달하는 코끼리의 커다란 덩치와 물리적 힘 자체가 무기지요.

이렇게 충분한 먹잇감만 확보할 수 있다면, 개체의 진화는 덩치가 커지는 쪽으로 발전하게 됩니다. 이 전략을 충실히 수행한 생물이 공룡입니다. 2억 2,800만 년 전, 중생대 트라이아스기 후기에 처음 지구상에 등장한 공룡은 생각보다 크지 않았다고 합니다. 아마 현대인이 이때의 공룡과 처음 맞닥뜨린다면 긴 꼬리를 가진 털 없는 닭에 가깝다고 생각할지도 모릅니다. 하지만 공룡은 당시 지구의 특성과 맞물려 어마어마한 덩치를 가진 거대한 종으로 자라납니다. 지구의 기온은 지금보다 훨씬 온난했고 강수량도 풍부한데다가 동물들이 그렇게 많지 않았습니다. 식물을 공격하는 세균과 곰팡이 종류도 적었으니 식물에게는 그야말로 천국 같은 시기였지요. 그래서 육지 대부분이 온통 숲이었고, 숲이 뿜어내는 엄청난 양의 산소로 대기 중 산소 농도가 지금(21%)보다 훨씬 높은 35%에 육박했습니다.

대기 중 산소가 많다는 건 동물이 덩치를 키우기에 매우 유리한 조건입니다. 애리조나 주립대 로버트 두들리 교수의 연구에 따르면, 대기 중 산소 농도를 21%에서 단 2%만 올려도 초파리의 덩치가 세

• 이름처럼 거대한 슈퍼사우루스.

대를 거듭할수록 커졌다고 합니다. 산소는 세포 속 에너지 생산 공장인 미토콘드리아의 활성을 높여주기 때문에 에너지를 많이 생산할 수 있어 성장에 도움을 주는 것으로 보입니다. 따라서 대기의 산소 농도가 35%라면 생물체의 에너지 생산에 엄청난 이점을 주었을 것입니다. 공룡은 이후 2억 년이 넘도록 지구 생태계의 지배자로 군림하면서 덩치가 엄청나게 커지는 방향으로 진화합니다. 육식공룡인 티라노사우루스는 몸길이 13m에 몸무게 6t의 거대한 사냥꾼이었으며, 이름마저도 어마어마한 슈퍼사우루스는 몸길이가 33m에 30t의 몸무게를 지닌 태산 같은 생물체로 자라납니다.

그래서 과학자들은 영화 〈쥬라기 공원〉처럼 공룡을 복제하는 일이 현실에서 가능하더라도, 그렇게 탄생한 공룡은 과거의 화석이 보여주듯 어마어마하게 크게 자라지는 못할 거라 추측합니다. 공룡은 지금보다 훨씬 높은 산소 농도에 익숙한 존재라 지금의 대기 환경에서는 숨이 막혀 살지 못할 수도 있습니다. 실제로 인간은 21%의 산소 농도에 최적화되어 있어서 산소 농도가 16% 미만이 되면 호흡이 빨라지고 맥박이 증가하며, 12%에서는 어지럼증과 구토를 일으키고, 10% 미만이면 안면이 창백해지고 의식불명 상태가 되어 목숨이 위험하다고 합니다. 그러니 산소가 풍부하던 시절에 살던 공룡에게 지금의 환경은 말 그대로 숨 막힐 정도로 열악하겠지요.

덩치가 점점 작아지는 쪽으로 진화하다

어쨌든 환경이 받쳐주기만 하면 큰 몸집은 살아가는 데 확실히 유리합니다. 하지만 모든 개체가 이 전략을 이용할 수는 없습니다. 이미 덩치 큰 경쟁자들에게 밀려난 경우, 그 틈바구니에 낀 개체들은 오히려 덩치가 작아지는 방향으로 진화합니다. 일단 커다란 몸집은 많은 양의 먹이가 필요하니 먹잇감을 충분히 구할 수 없는 개체들의 크기가 작아지는 것은 당연합니다. 그게 꼭 나쁘지만도 않습니다. 몸집이 작아지면 몸을 숨기기 쉬워져 덩치 큰 개체들의 사나운 눈초리를 쉽게 피할 수 있기 때문이지요.

대표적인 예가 초기의 포유류입니다. 포유류의 조상격인 원시 포유류 시노그나투스는 공룡과 비슷한 2억 2,500만 년 전에 처음 지구상에 등장했고, 몸 크기는 여우만 했습니다. 그때의 공룡과 비슷한 크기였지요. 하지만 생존경쟁에서 우위를 차지한 공룡이 생태계의 제왕으로 군림하며 점점 커지는 동안, 이 거대한 공룡의 틈바구니에서 덩치 큰 원시 포유류들은 고스란히 먹잇감이 되고 맙니다. 1억 8,000만 년 전, 지구상에는 쥐 정도 크기의 작은 원시 포유류만 남게 되었습니다. 그리고 이들은 작은 몸집의 유리함을 이용해 끈질기게 살아남습니다.

오랫동안 작은 크기에서 벗어나지 못한 꼬맹이 포유류들이 몸집을 불릴 기회를 잡은 것은 6,500만 년 전 공룡이 멸종된 이후입니다. 큰 나무를 베면 기를 펴지 못했던 작은 나무들이 경쟁하며 자라듯, 공룡의 멸종으로 무주공산이 된 생태계에서 가장 먼저 승기를 잡은 종이 포유류였습니다. 그러자 수억 년이나 잠들어 있던 '크기에 대한 열망'이 매머드(몸무게 9t)와 마스토돈(몸무게 6t)으로 이어집니다. 특히 쥐의 조상 중 하나인 포베로미스 패터르소니조차도 몸길이 2.5m에 무게는 700kg에 달했다고 합니다. 공룡 대신 번성하기 시작한 포유류가 자기들끼리 새롭게 덩치 경쟁을 이어나간 것이지요. 코끼리나 코뿔소, 기린 등은 점점 몸집을 키워 생존에 유리한 지점을 선점하는 형태로 변모했고, 다시 이 틈바구니에 끼인 쥐를 비롯한 설치류는 좁은 공간에서 천적에게 덜 띄도록 작아지는 전략을 구사했습니다. 이들 종간 개체 차이도 점점 벌어지기 시작합니다. '쥐꼬리만 하다' '쥐뿔도 없다' '쥐구멍 같다' 등 쥐와 관련된 관용어구가 아주 작은 크기를 비유하는 말로 쓰이는 걸 보면, 소형화 전략을 선택한 쥐의 생존 전략이 어느 정도 맞아 떨어진 셈입니다.

하지만 지금의 쥐가 작다고 미래의 쥐도 작으리라는 보장은 없습니다. 쥐가 작아진 것은 환경과 맞물린 적응의 결과지 무조건 작아져야 한다는 숙명 따위는 없기 때문입니다. 어쩌면 대형 포유류 상당수가 멸종 위기에 처해 있으니 오히려 쥐에게는 예전의 영광을 되찾을 기회의 발판이 될 수도 있습니다. 영국 레스터 대학 얀 잘라시에비치 교수는 특히 쥐가 고립된 생태계의 새로운 주인 자리를 차지하고 이에 따른 보상으로 대형화될 것이라 주장합니다. 쥐는 거의 모든 것을 먹는 잡식동물 가운데서도 최고의 식성을 자랑하는 무편식주의자여서 먹잇감의 범위가 넓고 번식력이 강합니다. 실제로 쥐의 번식력은 어마어마합니다. 쥐의 일종인 생쥐는 생후 30일이면 성적 성숙이 일어나고 임신 3주 만에 6~12마리의 새끼를 한꺼번에 낳을 수 있습니다. 출산 후 21일이면 수유 기간이 끝나서 다시 임신이 가능하니 엄청난 번식력이지요.

이 엄청난 번식력은 쥐를 잡아먹고 사는 천적에게 풍부한 먹잇감이 되는 동시에, 천적이 없다면 생태계 우위에 단숨에 올라설 가능성도 보입니다. 만약 그렇게 된다면 과거 공룡의 자리를 차지한 포유류가 서로 경쟁을 벌여 대형화되었듯, 대형 포유류가 사라진 생태계에서 쥐들끼리 경쟁을 이어나가 거대한 쥐가 등장할 가능성도 무척 높습니다. 이는 실제 진행 중입니다. 외따로 떨어져 오랫동안 고립된 생태계를 이룬 작은 섬에 사람들이 이주하면서, 이들을 따라 몰래 들어온 쥐들이 기존 생태계의 균형을 깨뜨리고 새로운 지배자

• 최근 들어 점점 개체 수를 불려나가는 대형 쥐 뉴트리아.

가 된 일명 '쥐의 섬'에 대한 이야기가 여럿 있으니까요.

최근 영국과 스웨덴 등에서 몸길이 40cm가 넘는 거대 쥐가 자주 출몰해 사람들을 놀라게 했습니다. 과연 지구 생태계의 미래는 마이티 마우스가 지배하는 쥐들의 천국일까요? 정확한 답은 먼 훗날에나 알 수 있겠지만, 지금처럼 대형 포유류의 멸종이 이어진다면 가능성은 분명 더 커질 겁니다. 그때는 인간도 커져서 괜찮을까요? 이 덩치 경쟁에서 최후의 승자 자리를 과연 인간이 차지할 수 있을까요?

'미친 개미'의 미친 습격

허버트 조지 웰스의 SF 소설 『우주전쟁』 속 지구인은 머나먼 화성에서 날아온 화성인의 공격에 속수무책으로 당하고 맙니다. 이대로 가다간 인류의 멸종이 확실한 상황에서, 어이없게도 화성인들이 지구에 존재하는 미생물과 바이러스를 이기지 못하고 하나둘 쓰러집니다. 이처럼 압도적인 힘과 시스템을 지닌 존재가 예상치도 못한 작은 존재에 무너지는 상황은 소설이나 영화에서 흔히 등장하는 전개입니다. 하지만 때로는 현실이 더 영화 같은 경우도 있듯이, 사물 인터넷이 우리 삶 속에 뿌리내리기 위해 시급히 해결해야 할 문제는 기술 오류가 아니라, 개미일지도 모릅니다.

최근 미국에서는 가전제품과 전선을 닥치는 대로 갉아먹는 일명 '황갈색 미친 개미(Tawny crazy ants)'의 습격으로 골머리를 앓는 지역이 늘고 있습니다. 남미에서 온 미친 개미는 몸길이가 3mm 정도로 개미 중에서도 작은 크기입니다. 이 개미는 2000년대 초반 처음 관찰된 이후, 엄청난 번식력으로 개체수를 늘려가며 토종 개미종을 몰아내고 미국 남서부 지역을 접수합니다. 크기가 작아 아주 좁은 구멍이나 틈새도 들어갈 수 있는데, 따뜻하고 습한 환경을 좋아하다 보니 열을 발산하는 전자제품 내부로 들어가는 경우가 많습니다.

한 마리가 들어가면 수천에서 수만 마리에 달하는 개미 떼가 몰려가는 습성이 있어서 전자제품의 고장과 오작동, 네트워크 시스템 다운 등의 원인이 되고 있습니다. 이 '미친 개미' 때문에 지난 2012년 텍사스에서만 약 1억 4,000만 달러의 전자제품이 망가지는 피해를 입었다고 합니다. 사물 인터넷의 센싱 기술이 발달해 네트워크 시스템이 촘촘하게 연결되었다 하더라도, 틈새로 파고든 개미들이 끊어놓는다면 전체 시스템은 제대로 기능하지 못할 테니 아무 소용 없겠지요.

미친 개미를 비롯한 다양한 생태적인 변화가 '다 된 죽에 코 빠뜨리는' 상황을 연출할지, 그전에 적절한 방제 대책이 마련되어 '찻잔 속의 태풍'에 그칠지는 아직은 알 수 없습니다. 이렇듯 한 기술이 제대로 적용되는 과정은 기술 발달과 시스템의 구축뿐 아니라, 주변 환경과 다른 생물종과의 조화까지도 고려해야 하는 복잡하고 유기적인 과정이랍니다.

가전제품과 전선을 닥치는 대로 갉아먹는 '미친 개미'.

제3부 세상에서 과학 보기

01 원소로 구성된 세상 – 주기율표

이미하, 『멘델레예프가 들려주는 주기율표 이야기』, 자음과모음, 2010.
장홍제, 『원소가 뭐길래』, 다른, 2017.
그레이, 시어도어, 꿈꾸는 과학 옮김, 『세상의 모든 원소 118』, 영림카디널, 2012.
쿠터, 페니 카메론 르 외 1명, 곽주영 옮김, 『역사를 바꾼 17가지 화학 이야기 1』, 사이언스북스, 2007.
쿠터, 페니 카메론 르 외 1명, 곽주영 옮김, 『역사를 바꾼 17가지 화학 이야기 2』, 사이언스북스, 2007.
킨, 샘, 이충호 옮김, 『사라진 스푼』, 해나무, 2011.

02 끊임없는 자리바꿈 – 원소의 변환

이종호, 『시크릿 방사능』, 과학사랑, 2012.
정완상, 『퀴리 부인이 들려주는 방사능 이야기』, 자음과모음, 2010.
모어, 케이트, 이지민 옮김, 『라듐 걸스』, 사일런스북, 2018.
버드, 카이, 외 1명, 최형섭 옮김, 『아메리칸 프로메테우스』, 사이언스북스, 2010.
산체스, 프란시스코, 부스토스, 나타차 그림, 김희진 옮김, 『체르노빌』, 현암사, 2012.
셰인킨, 스티브, 신근영 외 2명 옮김, 『원자폭탄』 작은길, 2014.
수세르, 마리 크리스틴 드 라, 양영란 옮김, 『방사능, 파괴인가 치료인가』, 웅진지식하우스, 2006.
허시, 존, 김영희 옮김, 『1945 히로시마』, 책과함께, 2015.
한국원자력안전기술원 http://clean.kins.re.kr/info/in01_001_00.jsp

03 깨지면 나오는 것? – 원자의 에너지

송은영, 『페르미가 들려주는 핵분열 핵융합 이야기』, 자음과모음, 2010.
윤실, 『원자력과 방사선 이야기』, 전파과학사, 2010.
모어, 케이트, 이지민 옮김, 『라듐 걸스』, 사일런스북, 2018.
윈브랜트, 제임스, 김준혁 옮김, 『치의학의 이저린 역사』, 지만지, 2015.
퀴리, 마리, 박민아 옮김, 『방사성 물질』, 지만지, 2014.

04 물질로 보는 거리의 중요성 – 물질의 상태 변화

김영태, 『세상 모든 것의 원리, 물리』, 다른세상, 2015.
박성래, 『인물과학사』, 책과함께, 2011.

서울과학교사모임, 『시크릿스페이스』, 어바웃어북, 2011.
유수진, 반성희 그림, 『친절한 화학 교과서』, 부키, 2013.
최원석, 『그 질문에 왜 아무 말도 못했을까?』, 북클라우드, 2018.
최원호, 『아보가드로가 들려주는 물질의 상태 변화 이야기』, 자음과모음, 2010.
줌달, 화학교재연구회 옮김, 『줌달의 일반화학』, 사이플러스, 2014.

05 설국 열차를 탈 때의 필수품? – 물질의 순환
김서형, 『김서형의 빅히스토리 Fe연대기』, 동아시아, 2017.
김충섭, 『가모가 들려주는 원소의 기원 이야기』, 자음과모음, 2010.
우종학, 『우종학 교수의 블랙홀 강의』, 김영사, 2019.
버코비치, 데이비드, 박병철 옮김, 『모든 것의 기원』, 책세상, 2017.
사토 겐타로, 권은희 옮김, 『탄소문명』, 까치, 2015.
스테이저, 커트, 김학영 옮김, 『원자, 인간을 완성하다』, 반니, 2014.
크로스텔, 켄 이충호 옮김, 『별의 일생』, 장수하늘소, 2013.
크리스천, 데이비드 외 1명, 조지형 옮김, 『빅히스토리』, 해나무, 2013.
헤이거, 토머스, 홍경탁 옮김, 『공기의 연금술』, 반니, 2015.

06 만들어지지도 사라지지도 않는 것들 – 보존의 법칙
곽영직, 『클라우지우스가 들려주는 엔트로피 이야기』, 자음과모음, 2010.
정완산, 『볼츠만이 들려주는 열역학 이야기』, 자음과모음, 2010.
다이아몬드, 제레드, 강주헌 옮김, 『문명의 붕괴』, 김영사, 2005.
센겔, 유너스 외 1명, 부준홍 외 3명 옮김, 『Cengel의 열역학(8판)』, 한국맥그로힐, 2016.
스밀, 바츨라프, 윤순진 옮김, 『에너지란 무엇인가』, 삼천리, 2011.

07 만남은 흩어짐을 위한 과정 – 대륙 이동
김병노, 정윤채 그림, 『베게너의 대륙이동설, 살아 있는 지구를 발견하다』, 작은길, 2013.
이기화, 『모든 사람을 위한 지진 이야기』, 사이언스북스, 2015.
이종호, 『세계를 속인 거짓말』, 뜨인돌, 2002.
최덕근, 『내가 사랑한 지구』, 휴먼사이언스, 2015.
로빈슨, 앤드루, 김지원 옮김, 『지진 두렵거나 외면하거나』, 반니, 2015.
베게너, 알프레드, 김인수 옮김, 『대륙과 해양의 기원』, 나남, 2010.
기상청, 「포항지진 분석 보고서」, 기상청 지진화산국, 2018

08 지구 3종 세트 – 지각 · 해양 · 대기

김웅서, 『바다에 오르다』, 지성사, 2005.

한국지구과학회, 『지구과학개론』, 교학연구사, 2005.

루트겐스, 프레데릭, 안중배 외 2명 옮김, 『대기과학』, 시그마프레스, 2016.

지브로스키, 어니스트, 이전희 옮김, 『요동치는 지구 잠 못 드는 인간』, 들녘, 2013.

트루질로, 알란 P. 외 1명, 이상룡 외 2명 옮김, 『최신 해양과학』, 시그마프레스, 2012.

09 돌고 돌고 도는 지구 – 지구의 자전과 공전

남영, 『태양을 멈춘 사람들』, 궁리, 2016.

갈릴레이, 갈릴레오, 이무현 옮김, 『대화』, 사이언스북스, 2016.

깅그리치, 오언, 이무현 옮김, 『지동설과 코페르니쿠스』, 바다출판사, 2006.

돌닉, 에드워드, 노태복 옮김, 『뉴턴의 시계』, 책과함께, 2016.

쉬어, 윌리엄 외 1명, 고중숙 옮김, 『갈릴레오의 진실』, 동아시아, 2006.

10 산다는 건 무엇일까? – 생물의 특성

캠벨, 전상학 옮김, 『캠벨 생명과학』, 바이오사이언스출판, 2019.

11 경쟁과 공존, 그 사이에서 – 생물의 진화

김도연 외 2명, 『K-WISC-IV의 이해와 실제』, 시그마프레스, 2015.

다윈, 찰스, 이민재 옮김, 『종의 기원』, 을유문화사, 1995.

데스먼드, 애드리언 외 1명 옮김, 『다윈 평전』, 김명주 옮김, 뿌리와이파리, 2009.

도킨스, 리처드, 이용철 옮김, 『눈먼 시계공』, 사이언스북스, 2004.

크로포트킨, 피터, 김영범 옮김, 『만물은 서로 돕는다』, 르네상스, 2005.

김혜련, 「다윈은 약육강식 적자생존의 진화론을 말하지 않았다」, 『월간 인물과사상』, 2003.

정창인, 「스펜서의 진화론적 자유주의」, 『한국정치학회보』, 제38권 2호, 2004.

12 점점 크게, 점점 작게 – 생태계의 균형

김현우, 『멸종』, MID, 2014.

이정모, 『공생 멸종 진화』, 나무나무, 2015.

모토카와 다쓰오, 이상대 옮김, 『코끼리의 시간 쥐의 시간』, 김영사, 2018.

보너, 존 타일러, 김소정 옮김, 『크기의 과학』, 이끌리오, 2008.

콜버트, 엘리자베스, 이혜리 옮김, 『여섯 번째 대멸종』, 처음북스, 2017.

Davis, Nicola, "Tall story? Men and women have grown taller over last century, study shows", *The Guardian*, 2016

하리하라의 사이언스 인사이드 2

펴낸날 초판 1쇄 2019년 11월 5일

지은이 이은희
펴낸이 심만수
펴낸곳 (주)살림출판사
출판등록 1989년 11월 1일 제9-210호

주소 경기도 파주시 광인사길 30
전화 031-955-1350 팩스 031-624-1356
홈페이지 http://www.sallimbooks.com
이메일 book@sallimbooks.com

ISBN 978-89-522-4153-5 44400
978-89-522-4151-1 44400 (세트)
살림Friends는 (주)살림출판사의 청소년 브랜드입니다.

※ 값은 뒤표지에 있습니다.
※ 잘못 만들어진 책은 구입하신 서점에서 바꾸어 드립니다.

이 도서의 국립중앙도서관 출판시도서목록(CIP)은 서지정보유통지원시스템 홈페이지(http://seoji.nl.go.kr)와 국가자료공동목록시스템(http://www.nl.go.kr/kolisnet)에서 이용하실 수 있습니다.(CIP제어번호: CIP2019042134)

책임편집·교정교열 박일귀 한나래